T0194106

Keine Gesellschaft ohne Wissenschaft!

Thierry J.-L. Courvoisier

Keine Gesellschaft ohne Wissenschaft!

Aus dem Französischen übersetzt
von Jutta Bretthauer

Thierry J.-L. Courvoisier
Observatoire Astronomique, Université de Genève
Sauverny, Schweiz

Mit freundlicher Unterstützung von sc | nat

Swiss Academy of Sciences
Akademie der Naturwissenschaften
Accademia di scienze naturali
Académie des sciences naturelles

ISBN 978-3-662-55555-2 ISBN 978-3-662-55556-9 (eBook)
DOI 10.1007/978-3-662-55556-9

Die Deutsche Nationalbibliothek verzeichnet diese Publikation in der Deutschen Nationalbibliografie; detaillierte bibliografische Daten sind im Internet über http://dnb.d-nb.de abrufbar.

Originalauflage erschienen bei Georg, Genf, 2017
Übersetzung der französischen Ausgabe: Des Étoiles aux États. Manifeste pour une gouvernance à l'écoute de la science.

Planung: Margit Maly
Einbandabbildung: © James Thew/stock.adobe.com

Gedruckt auf säurefreiem und chlorfrei gebleichtem Papier

Springer ist Teil von Springer Nature
Die eingetragene Gesellschaft ist Springer-Verlag GmbH Deutschland
Die Anschrift der Gesellschaft ist: Heidelberger Platz 3, 14197 Berlin, Germany

Für Milan, Marylou und Marlo
Möge das Licht der Aufklärung auch ihr Jahrhundert erleuchten

Geleitwort

In diesem Buch soll nicht die Astronomie vom Stern Sirius bis zur Erde dargestellt, sondern gezeigt werden, dass die Wissenschaft, die noch vor gar nicht langer Zeit unsere Mitmenschen zum Träumen brachte, auch heute noch in einem positiven Licht gesehen werden sollte. Der Autor spricht sich für eine Erneuerung des Dialogs zwischen Wissenschaft und Gesellschaft aus, der in den vergangenen Jahrzehnten fast zum Erliegen gekommen ist, und er wünscht sich, dass das Verhältnis von Wissenschaft und Politik nicht auf rein ökonomische Aspekte beschränkt bleibt.

In seiner Abschiedsvorlesung an der Universität Genf hat Thierry Courvoisier gesagt: „Die Astronomie hat das menschliche Denken entscheidend beeinflusst. Von allen sogenannten Naturwissenschaften hat sie vielleicht den wichtigsten Beitrag zu Gesellschaft, Kultur und Wirtschaft geleistet.“ In seinem Buch nutzt er das Beispiel der Astronomie und Astrophysik und deren Entwicklung von den Anfängen bis heute, um zu zeigen, wie diese Wissenschaften im Laufe der Zeit zur Konstruktion immer genauerer Messinstrumente geführt haben, und er schildert anschaulich, wie durch Astronomie und Astrophysik das menschliche Denken bereichert wurde.

Im Lauf der Geschichte musste die Wissenschaft nicht nur der Unwissenheit die Stirn bieten, sondern auch Antworten auf schwierige gesellschaftliche Fragen geben. Das ist nicht einfach, denn die Wissenschaft stützt sich auf die Ratio, also den Verstand, die Gesellschaft dagegen beruht auf Werten. „Wissen“ und „Gewissen“ hängen nicht nur sprachlich zusammen. Rabelais weist darauf hin, dass der Mensch sich stets auch der moralischen Aspekte seines Handelns bewusst sein muss. Rabelais war ein Zeitgenosse von Kopernikus. Beide waren Ärzte, und das in einer Zeit, in der es den Anatomen verboten war, Leichen zu sezieren, und in der die kopernikanische Revolution nicht anerkannt wurde, weil die Glaubenslehre, dass die Erde im Mittelpunkt des Universums stehe, nicht infrage gestellt werden durfte. Die moralischen Werte der Gesellschaft bedeuteten für die damalige Wissenschaft eine große Belastung.

In den vergangenen fünfhundert Jahren hat die Menschheit ihr Wissen erheblich erweitert, die gesellschaftlichen Werte haben sich gewandelt, aber der Austausch zwischen Wissenschaft und Gesellschaft ist deshalb nicht einfacher geworden. Angesichts des unaufhörlichen Fortschritts in Wissenschaft und Technik stellt sich die verstörende Frage: „Hat die Wissenschaft Grenzen?“

Unsere Gesellschaft fühlt sich einerseits zu den Wissenschaften hingezogen, aber andererseits begegnet sie ihnen auch mit einem gewissen Misstrauen, denn sie stellt sich die bange Frage, wozu die neuen Erkenntnisse eines Tages dienen könnten. Wo stößt die Wissenschaft an ihre natürlichen Grenzen? Welche Grenzen setzen wir uns selbst? Müssen wir überhaupt Grenzen setzen? Warum wollen wir Grenzen überschreiten?

Mit seinem Buch bringt Thierry Courvoisier uns dazu, über die verschiedenen Aspekte des Verhältnisses von Wissenschaft, Gesellschaft und Politik nachzudenken. Er fordert uns zum Dialog auf und wünscht sich, dass sich die Gesellschaften angesichts der scheinbar unlösbaren Probleme, mit denen sie konfrontiert sind, die Erkenntnisse der verschiedenen Wissenschaftsgebiete zunutze machen und sich dabei genügend Zeit zum Nachdenken nehmen.

Catherine Bréchignac
Ständige Sekretärin an der französischen
Akademie der Wissenschaften
(Académie des sciences; Institut de France)

Vorwort

Die empirischen Wissenschaften, die sich mit dem Weltall und seiner Geschichte beschäftigen, führen schnell zu grundlegenden Fragen: Was ist die Stellung des Menschen im Kosmos? Ist unser Planet eine singuläre Ausnahme, oder sollten wir damit rechnen, außerirdischem Leben zu begegnen? Stößt die menschliche Vernunft angesichts des unvordenklichen Alters und der unvorstellbaren Größe des Weltalls an die Grenzen ihrer Erkenntniskraft? Dass die Antworten, die wir auf diese Fragen geben, Auswirkungen auf unsere irdischen Ansichten zum Verhältnis zwischen Wissenschaft, Religion, Politik und Gesellschaft haben, zeigt bereits ein oberflächlicher Blick in die Entstehungsgeschichte der modernen Astronomie von Kopernikus bis Newton.

Doch nicht nur in Renaissance und Aufklärung haben Astronomen über die Grenzen ihrer Wissenschaft hinausgeblickt. Thierry Courvoisier beweist mit seinem Buch „Keine Gesellschaft ohne Wissenschaft!", dass er im Zeitalter der hochgradigen Spezialisierung von Fachdisziplinen als Astrophysiker, der zu den weltweit führenden Experten in der Erforschung der aktiven galaktischen Kerne gehört, in dieser Tradition steht. Sein Buch ist in der Tat, wie es der Titel ankündigt, ein Aufruf an alle Beteiligten. Es beginnt mit der anschaulichen Darstellung seiner Disziplin und zeigt, dass die gesellschaftlichen Wirkungen der Wissenschaft über den bloßen Transfer von Wissen und Technik weit hinausgehen. Thierry Courvoisier legt überzeugend dar, dass wissenschaftliches Wissen viel stärker als bisher in den Prozess der öffentlichen Meinungsbildung und der politischen Entscheidungsfindung einfließen muss, wenn die Menschheit die großen Herausforderungen nachhaltiger Entwicklung meistern will. Seine Argumentation richtet sich ebenso sehr an Bürger und Politiker wie an die Wissenschaftler selbst.

Thierry Courvoisier ist ein Wissenschaftler, der sich für eine aktivere Rolle von Wissenschaftlern in der Gesellschaft einsetzt – national wie international: als Präsident der Akademie der Naturwissenschaften Schweiz und Präsident der Akademien der Wissenschaften Schweiz sowie gegenwärtig als Präsident des European Academies' Science Advisory Council (EASAC), der Dachorganisation der nationalen Wissenschaftsakademien der EU, Norwegens und der Schweiz, welche die europäische Politik mit unabhängigen wissenschaftlichen Studien berät. Mit seinem Buch ist es Thierry Courvoisier gelungen, das berühmte Wort des großen Aufklärers

Immanuel Kant – der auch eine „Allgemeine Naturgeschichte und Theorie des Himmels“ verfasst hat – aufzugreifen: „Zwei Dinge erfüllen das Gemüth mit immer neuer und zunehmender Bewunderung und Ehrfurcht, je öfter und anhaltender sich das Nachdenken damit beschäftigt: der bestirnte Himmel über mir und das moralische Gesetz in mir. Beide darf ich nicht als in Dunkelheiten verhüllt, oder im Überschwenglichen, außer meinem Gesichtskreise, suchen und blos vermuthen; ich sehe sie vor mir und verknüpfe sie unmittelbar mit dem Bewußtsein meiner Existenz.“ Dem Buch Thierry Courvoisiers wünsche ich, dass es viele Leser findet, die das Bewusstsein ihrer Existenz sowohl mit der Erforschung der Natur in ihrer Vielfalt und Größe als auch mit der Verantwortung verknüpfen, ihr Wissen für die Verwirklichung des ethisch Richtigen einzusetzen.

Prof. Dr. Jörg Hacker
Präsident der Nationalen
Akademie der Wissenschaften Leopoldina

Danksagung

Diesen Text habe ich nicht in der Schweiz verfasst. Er entstand zum Teil in Heraklion während eines Aufenthaltes an der Universität von Kreta, der südlichsten Universität Europas, und zum Teil während eines Aufenthalts an der Arctic University of Norway in Tromsø, der am nördlichsten gelegenen Universität unseres Kontinents. Mein Dank richtet sich an meine Gastgeber an beiden Universitäten, Professor N. Kylafis, Professor T. Johnsen und die Rektorin A. Husebekk.

Die hier ausgeführten Gedanken sind zum großen Teil aus Überlegungen hervorgegangen, die ich im Rahmen meiner Funktionen in der Europäischen Astronomischen Gesellschaft (EAS), in der Akademie der Naturwissenschaften Schweiz (SCNAT), den Schweizer Akademien der Wissenschaften (a+) und im European Academies Science Advisory Council (EASAC) angestellt habe. In danke meinen Kollegen an diesen Institutionen für viele formelle und informelle Gespräche. Mein Dank gilt auch den zahlreichen Organisationen und Vereinigungen, die mich zu Vorträgen eingeladen oder zu schriftlichen Beiträgen aufgefordert haben, und die mir damit Gelegenheit gegeben haben, meinen gedanklichen Horizont zu erweitern und zu bereichern.

Frau Professor J. Bell-Burnell danke ich nicht nur dafür, dass sie die Pulsare entdeckt hat, sondern auch dafür, dass sie mir eine von ihr zusammengestellte Anthologie von Gedichten zur Verfügung gestellt hat, die auf die eine oder andere Weise Bezug auf die Astronomie nehmen. Ich bin ihr sehr dankbar, dass ich auf diese Arbeit zurückgreifen durfte. Des Weiteren danke ich Professor A. de Pury für eine erhellende Diskussion über die verschiedenen Namen Gottes und über die Ewigkeit. In den Gesprächen mit Professor M. Golay, Professor F. Rufener und J.-F. Bopp in Genf habe ich viel darüber erfahren, welche Rolle die Observatorien in der Region Jura für die Messung der Zeit gespielt haben. Mein Ausflug in die Welt der Literatur wäre ohne die Anregungen von Frau Professor P. Lombardo unmöglich gewesen. Auch ihr gilt mein herzlicher Dank.

Die Professoren M. C. E. Huber und D. Monard haben eine erste Fassung des Manuskripts gelesen und kommentiert. Ich danke ihnen für ihre ermutigenden und konstruktiven Bemerkungen. M. Balavoine und A. Chenevard vom Verlag Georg in Genf haben kompetent ein Buch aus meinem Text gemacht. Dafür, dass ich mich stets an sie wenden durfte, danke ich ihnen herzlich.

Über einen langen Zeitraum hinweg an einem Buch zu arbeiten, erfordert Energie und Aufmerksamkeit. Danke, Barbara, für dein Verständnis und deine Unterstützung und Begleitung bei diesem Vorhaben, und das sogar in gelegentlich sehr rauen Gefilden, wie in der Polarnacht an Bord unseres Bootes, der Cérès, welche im Hafen von Tromsø vor Anker lag.

Inhaltsverzeichnis

1

Die Astrophysik seit Mitte des 20. Jahrhunderts

Das Universum, das wir als Kinder in den 1950er Jahren aus Büchern oder aus dem kennen gelernt haben, was uns die Erwachsenen erzählten, bestand aus den Planeten des Sonnensystems, aus der Sonne, den Sternen und den Galaxien. Unser Stern, die Sonne, ist nur einer von den einigen hundert Milliarden Sternen unserer Galaxie, der Milchstraße. Die Planeten kreisen um die Sonne, und sie selbst wiederum werden von Trabanten umkreist, so wie der Mond seine Bahn um die Erde zieht. Von den Planeten und ihren Monden waren die Masse, ihre Entfernung von der Sonne und ihre Größe bekannt, aber das war auch fast schon alles. Man wusste damals, dass die Sterne aus Gas bestehen, und dass in ihrem Innern Kernreaktionen stattfinden, bei denen Wasserstoff in Helium umgewandelt wird, und dass dabei die Energie freigesetzt wird,

T.J.-L. Courvoisier, *Keine Gesellschaft ohne Wissenschaft!*,
DOI 10.1007/978-3-662-55556-9_1

durch die sie leuchten. Die Entwicklung dieser Sterne war in großen Zügen bekannt. Man wusste auch, dass Galaxien, die nahe beieinanderliegen, manchmal große Haufen bilden, ohne jedoch zu verstehen, warum diese Gebilde erwiesenermaßen seit ewigen Zeiten zusammenhängen, statt sich im Kosmos aufzulösen. Offensichtlich expandierte das Universum, das war evident. Es schien wahrscheinlich, dass sich das Universum abkühlt, je weiter es sich ausdehnt, und dass es deshalb vor langer Zeit einmal viel heißer gewesen sein musste als heute.

Zu diesen Erkenntnissen hatten Beobachtungen mithilfe von Teleskopen geführt, die häufig auf Hügeln oder Bergen aufgestellt waren, weil von dort aus der Himmel sehr viel klarer erscheint als unten in den Städten. Die meisten der modernen Teleskope jener Zeit hielten das Licht der Sterne fotografisch fest. Fotografien waren an die Stelle des bloßen Auges und der Zeichnungen getreten, die in den Jahrhunderten zuvor üblich gewesen waren. Es war eine große intellektuelle Leistung, aus den verfügbaren Beobachtungen auf die Eigenschaften der Sterne zu schließen und die Skepsis der positivistischen Denker des 19. Jahrhunderts zu besiegen. Diese skeptische Haltung hatte noch Auguste Comte zu der Aussage veranlasst, man werde niemals wissen können, wie es im Innern der Sterne aussehe, denn diese Regionen entzögen sich den Messungen in situ für immer und ewig.

1.1 Licht und elektromagnetische Wellen

Die Teleskope und ihre Instrumente am Boden registrieren das sichtbare Licht, das den Großteil der Strahlung darstellt, die von der Sonne bei uns ankommt. Unsere Atmosphäre ist für dieses Licht weitgehend durchlässig, und unsere Augen können es wahrnehmen. Letzteres ist natürlich ein Ergebnis der Evolution der Arten: Unsere Augen nützten uns herzlich wenig, wenn es das Sonnenlicht nicht gäbe oder die Atmosphäre das Licht nicht durchließe!

Licht ist eine elektromagnetische Welle. Diese Welle besteht aus einem elektrischen und einem magnetischen Feld, die senkrecht zur Ausbreitungsrichtung der Welle transversal schwingen. Die Geschwindigkeit des Lichts im Vakuum beträgt wie die aller elektromagnetischen Wellen knapp 300.000 km/s. Die Frequenz dieser Schwingungen (Anzahl pro Sekunde) bestimmt die Wellenlänge (den Abstand zweier aufeinanderfolgender Schwingungsmaxima). Wir nehmen die Wellenlänge als Farbe des Lichts wahr. Rot besitzt eine größere Wellenlänge als Blau. Es ist ein glücklicher Umstand, dass der Großteil des Sonnenlichts in Farben ausgestrahlt wird, für die unsere Atmosphäre durchlässig ist. Wäre das nicht der Fall, würden wir in einem Lichtnebel leben, in dem es uns unmöglich wäre, die Gegenstände zu unterscheiden. Unser Leben und seine ganze Entwicklung wären dann völlig anders verlaufen.

Die Schwingungen der elektromagnetischen Wellen beschränken sich aber nicht auf die Frequenzen, die unseren Farben entsprechen. Radiowellen und Infrarotstrahlen sind genau wie das sichtbare Licht elektromagnetische Wellen. Sie unterscheiden sich nur durch sehr viel niedrigere Frequenzen oder größere Wellenlängen. Auch bei der Ultraviolett-, Röntgen- und Gammastrahlung handelt es sich um elektromagnetische Wellen, allerdings um solche mit hoher, von der Ultraviolettstrahlung bis zu den Gammastrahlen steigender Frequenz. Die Frequenz der elektromagnetischen Wellen bestimmt ihre Energie. Radiowellen mit geringer Frequenz und großer Wellenlänge sind energiearm, Gammastrahlen mit einer sehr hohen Frequenz und sehr kurzen Wellenlängen dagegen sehr energiereich (Abb. 1.1).

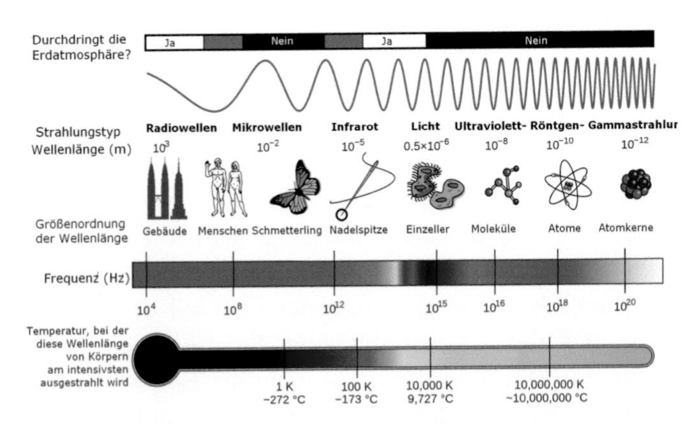

Abb. 1.1 Das elektromagnetische Spektrum. Den niedrigen Frequenzen entsprechen große Wellenlängen und eine geringe Energie. Umgekehrt gehen hohe Frequenzen mit kurzen Wellenlängen und hoher Energie einher. (deutsche Version: Holger Fiedler, CC-BY-SA 3.0 Unported; englische Version: Inductiveload/NASA). (Quelle: Wikicommons ©)

Es gibt keinen Grund, warum sich die im Universum geltenden physikalischen Gesetze ausschließlich durch Phänomene zeigen sollten, bei denen nur Licht im sichtbaren Bereich ausgestrahlt wird. Im Kosmos, der uns umgibt, wird sichtbares Licht von Objekten abgegeben, die tausend oder einige tausend Grad heiß sind. So herrscht auf der Oberfläche der Sonne und der Sterne, die sichtbares Licht aussenden, eine Temperatur von mehreren tausend Grad. Auf der Sonnenoberfläche sind es ungefähr 6000 K[1]. Infrarotstrahlung geht von Oberflächen aus, die nur mehrere hundert Kelvin heiß sind, etwa von unseren Herdplatten oder dem interstellaren Staub. Deshalb ist leicht vorstellbar, dass es im Kosmos auch Objekte gibt, deren Temperatur niedriger oder höher ist als die auf der Sonnenoberfläche. Ein Großteil ihrer Strahlung läge dann außerhalb des elektromagnetischen Spektrums, das wir mit unseren Augen oder Teleskopen am Boden wahrnehmen können. Das erklärt das Interesse an astronomischen Beobachtungen außerhalb des sichtbaren Bereichs, und seit Anfang der 1960er Jahre verfügen wir nun über die Möglichkeiten dazu.

Zwei wichtige technische Errungenschaften haben es ermöglicht, dass wir auch Strahlungsquellen beobachten können, deren Frequenzen unsere Augen nicht wahrnehmen können und die sich auf die fotografischen Platten der Teleskope nicht bannen lassen. Das sind zum einen

[1]Wir geben die Temperatur hier nach der Kelvinskala an, abgekürzt als „K". Man muss zu einer in Grad Celsius angegebenen Temperatur nur 273 addieren, um den entsprechenden Wert in Kelvin zu erhalten.

die Entwicklung der drahtlosen Telekommunikation und des Radars und zum anderen die Möglichkeit, Teleskope mithilfe von Raketen außerhalb der Atmosphäre zu platzieren. Die Telekommunikation hat es ermöglicht, Radiowellen aus dem Kosmos zu beobachten, und mithilfe von astronomischen Instrumenten, die in eine Umlaufbahn außerhalb der Erdatmosphäre gebracht wurden, können Beobachtungen auf dem Gebiet der Infrarot-, Ultraviolett-, Röntgen- und Gammastrahlung angestellt werden. Diese beiden Technologien, die zu einem großen Teil aus militärischen Forschungen während des Zweiten Weltkrieges hervorgegangen sind, wurden in der Zeit von 1950 bis 1960 so weit verfeinert, dass man sie zur Beobachtung des Himmels einsetzen konnte. Die mit diesen neuen Technologien erzielten Entdeckungen übertrafen alle Erwartungen.

1.2 Die neuen Entdeckungen in der Astrophysik

Der italienische Physiker Riccardo Giacconi leitete eine Forschungsgruppe in den Vereinigten Staaten, die 1962 eine Rakete mit einem Röntgenstrahlendetektor in den Weltraum schickte. Es ging dabei noch nicht darum, einen Satelliten in eine Erdumlaufbahn zu bringen, sondern lediglich um einen kurzen Flug von einigen Minuten Dauer in Schichten oberhalb der Atmosphäre, die Röntgenstrahlung abschirmt. Ziel dieses Unternehmens war es, die von der Mondoberfläche reflektierte Röntgenstrahlung der Sonne zu messen. Diese Strahlung wurde zwar nicht gefunden, denn sie ist viel zu schwach, um mit den damaligen Instrumenten nachgewiesen zu werden. Dafür aber erschien für einen kurzen Augenblick eine starke Röntgenquelle im Blickfeld des Instruments. Dass es außer der Sonne eine solche Quelle geben könnte, hatte bis dahin niemand geahnt. Ihre Strahlkraft war erheblich größer und die Temperatur damit viel höher als es bei einem sonnenähnlichen Stern – so nahe der Erde – zu erwarten war. Das war eine völlig unerwartete Entdeckung. In den folgenden Jahrzehnten wurden dann noch Tausende weiterer Sterne entdeckt, von denen eine sehr intensive Röntgenstrahlung ausgeht.

Wie diese ersten und viele andere Röntgenquellen in den Galaxien aussehen, zeigt die Abb. 1.2. Es handelt sich um ein aus zwei Sternen bestehendes System, einem mehr oder weniger normalen Stern und einem zweiten sehr dichten Neutronenstern. Letzter besteht, wie der Name schon sagt, im Wesentlichen aus Neutronen, d. h. aus einem der Bestandteile der Atomkerne. Solche Neutronensterne haben in etwa die Masse der Sonne, doch ihr Durchmesser beträgt nur 10 bis 20 km.[2] Ihre Dichte ist also enorm.[3] Ein Teelöffel ihrer Materie wäre so schwer wie die gesamte Menschheit.

Wenn nun ein normaler Stern und ein dichter Neutronenstern in geringer Entfernung umeinander kreisen, bewirkt das Gravitationsfeld des Neutronensterns, dass

---

[2]Die Sonne dagegen hat einen Radius von 700.000 km.

[3]Sie beträgt ungefähr 10^{15} g/cm^3.

Abb. 1.2 Zeichnung eines aus einem normalen und einem Neutronenstern bestehenden Systems. Die auf den Neutronenstern stürzende Materie erhitzt sich so sehr, dass dabei Röntgenstrahlen freigesetzt werden. (Quelle: NASA/Dana Berry ©)

sich ein Teil der Oberflächenmaterie des normalen Sterns löst, vom Neutronenstern angezogen wird und schließlich auf diesen niederstürzt. Dabei erhitzt sich die Materie, etwa so wie auch die Überreste von Satelliten verglühen, wenn sie wieder in die Erdatmosphäre eintreten. Beim Sturz auf einen Neutronenstern werden so hohe Temperaturen erreicht, dass die von uns beobachteten Röntgenstrahlen freigesetzt werden. Diese Systeme können bis zu 100.000-mal mehr Energie aussenden als die Sonne.

Manche Neutronensterne sind so groß, dass ihre eigene Schwerkraft dazu führt, dass sie sich weiter zusammenziehen und zu einem schwarzen Loch werden, zu einem

Körper mit so großer Dichte, dass nichts, nicht einmal Licht aus ihm entweichen kann.

Etwa zur gleichen Zeit, also Ende der 1950er und Anfang der 1960er Jahre, war die Technologie so weit fortgeschritten, dass es möglich war, die genaue Position von Radioquellen zu bestimmen. Dabei stellte sich heraus, dass einige dieser Quellen identisch mit „Sternen“ waren, die auf den fotografischen Platten zu sehen waren. Sterne, die sowohl Radiowellen als auch sichtbares Licht aussenden, sind selten, denn normale Sterne geben nur eine sehr schwache Radiostrahlung ab. Es zeigte sich außerdem, dass diese Objekte einige ganz erstaunliche Eigenheiten besaßen: Das von ihnen ausgehende sichtbare Licht wies Eigenschaften auf, die sich mit denen der Atome, die man aus Labormessungen kannte, nicht erklären ließen. Dem in Kalifornien arbeitenden niederländischen Astronomen Maarten Schmidt gelang es, dieses Rätsel zu lösen. Er hat gezeigt, dass diese Sterne sehr viel weiter von uns entfernt sind als alle bis dahin bekannten Galaxien. Die Wellenlänge des Lichts, das von ganz normalen Atomen in der Quelle ausgesandt wird, verändert sich auf seinem Weg von der Quelle zu den Teleskopen. Die Wellen werden dabei länger, ein bekanntes Phänomen, das man als Rotverschiebung bezeichnet. Diese Entdeckung hat gezeigt, dass es sich bei diesen „Sternen“ um eine neue Kategorie kosmischer Objekte handelte, deren vielfältige Facetten sich erst im Laufe der folgenden Jahre offenbaren sollten. Auf den Fotoplatten erschienen die betreffenden „Sterne“ relativ hell. Doch wenn sie so hell erscheinen und so weit von uns entfernt sind, bedeutet das, dass sie enorm viel Energie freisetzen, viel mehr als normale Sterne oder manchmal sogar ganze Galaxien. Man gab ihnen die Bezeichnung Quasare oder QSOs, eine Abkürzung, die für Quasi Stellar Objects steht. Sehr rasch entdeckte man, dass sich die Leuchtkraft der Quasare innerhalb von Monaten, Tagen oder sogar Stunden ändern kann; eine Eigenschaft, die normale Sterne nicht besitzen.

Es stellte sich heraus, dass es sich bei Quasaren um schwarze Löcher handelt, deren Masse bis zu Milliarden Mal größer sein kann als die Masse der Sonne. Die Ursache für die von ihnen freigesetzte Energie ist genau wie bei den Röntgendoppelsternen die Materie, die auf das dichte Objekt herabstürzt. Diese Materie ist Auslöser für sehr viele Phänomene. Während ihres Falls erhitzt sie sich so stark, dass sie Röntgenstrahlen freisetzt, sie bildet Jets, die sich mit annähernder Lichtgeschwindigkeit bewegen und dabei heftige Schockwellen auslösen. Diese Schockwellen beschleunigen Teilchen auf eine so hohe Energie, dass die Elektronen bei ihrer Interaktion mit der Umgebung Röntgen- und Gammastrahlen aussenden, die energiereichsten Strahlen, die wir kennen. Es lässt sich zwar leicht berechnen, dass die Materie, die jährlich in das schwarze Loch fällt, bei einem leuchtenden Quasar etwa der Masse der Sonne entspricht, viel schwieriger ist es jedoch, all die Mechanismen zu verstehen, die für das Auftreten dieser Himmelskörper verantwortlich sind. Abb. 1.3 zeigt den Quasar 3C 273, den ersten, dessen Entfernung bestimmt wurde. Die Aufnahme wurde mit dem Hubble-Weltraumteleskop (HST) gemacht. Von dem schwarzen Loch selbst geht kein Licht aus, was leuchtet, ist die einfallende Materie darum herum. Man sieht außerdem einen leuchtenden Strahl (Jet), der von dem Quasar ausgeht.

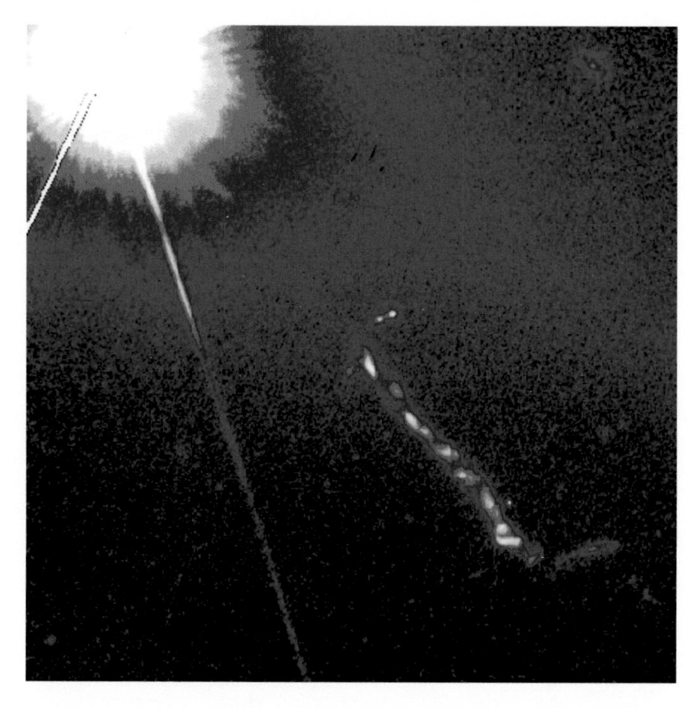

Abb. 1.3 Quasar 3C 273, aufgenommen vom Hubble-Weltraumteleskop. Die unregelmäßige Struktur rechts unten auf dem Bild ist der Jet (Strahl). (Quelle: NASA/STScI ©)

Einige Jahre später waren es wieder Forschungen zu Radiowellen, die zur Entdeckung der Pulsare führten. Im Rahmen ihrer Doktorarbeit beobachtete Jocelyn Bell die Fluktuationen von Radioquellen und stellte dabei fest, dass eine dieser Quellen alle 1,3 s ein Bündel von Radiowellen aussandte (Abb. 1.4). Da keine der bis dahin bekannten sichtbaren Quellen oder Radioquellen diese

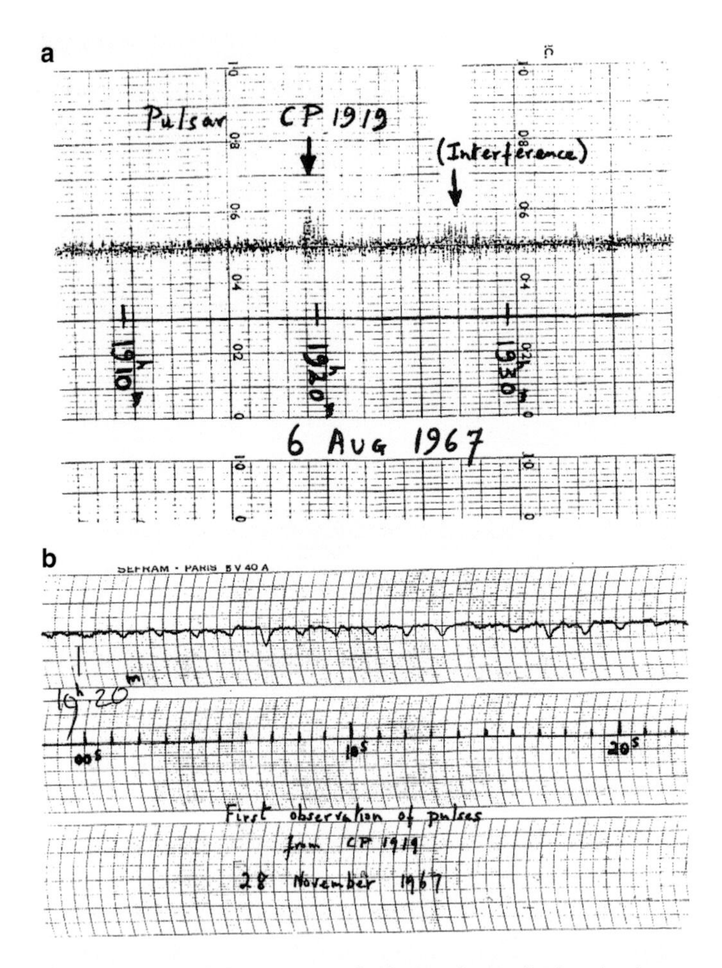

Abb. 1.4 Reproduktion eines Abschnitts des Radiosignals, das zur Entdeckung der Pulsare geführt hat. (Quelle: Mullard Radio Astronomy Observatory, Jocelyn Bell Burnell and Antony Hewish ©)

Eigenschaft besaß, gab man ihr zunächst die Bezeichnung LGM-1 (LGM steht für Little Green Men). Damit wollte man ausdrücken, dass es sich möglicherweise um ein Signal handelte, das von einer außerirdischen Zivilisation ausging. Später fand man dann noch mehrere solcher Quellen und gab die Erklärung rasch wieder auf, es könne eine andere Zivilisation dafür verantwortlich sein.

Ursache des Phänomens ist ein Neutronenstern, der sich in 1,3 s einmal um sich selbst dreht und dabei Radiowellen in einem engen Lichtkegel in Richtung eines starken Magnetfeldes aussendet. Da dieser Lichtkegel häufig nicht in der Rotationsachse ausgerichtet ist, so wie sich ja auch die Magnetfeldachse der Erde nicht auf den geografischen Norden ausrichtet, nehmen wir jedes Mal einen Blitz wahr, wenn der Kegel das Sonnensystem streift, vergleichbar einem Leuchtturm, dessen Licht nur einmal bei jeder Umdrehung kurz zu sehen ist. Dieser Eigenschaft verdanken diese Neutronensterne ihren Namen Pulsar. Bis zu diesen Beobachtungen hatte sich niemand vorstellen können, dass sich Neutronensterne auf diese Weise zeigen könnten.

Seit 1967 wurden Tausende Pulsare entdeckt. Einige drehen sich in nur einigen Millisekunden um die eigene Achse, das heißt, auf diesen Sternen, die ungefähr so schwer sind wie die Sonne, dauert ein Tag nur wenige Millisekunden. Die klassischen Pulsare sind vor allem Radioquellen, andere dagegen, auf die Materie herunterstürzt, senden Röntgen- und Gammastrahlen aus. Sie werden noch weiter erforscht, vor allem, weil man gerne die Zusammensetzung ihres Innern genauer kennen möchte. Nirgendwo sonst, nicht einmal an den Atomkernen, lässt sich eine so dichte Materie erforschen, denn nirgendwo herrschen vergleichbare Bedingungen.

In der zweiten Hälfte der 1960er Jahre waren amerikanische Vela-Satelliten in den Weltraum geschickt worden, um mögliche sowjetische Kernwaffenexplosionen aufzuspüren. Derartige Explosionen haben die Satelliten zwar nicht entdeckt, doch sie registrierten Gammastrahlung, die nicht von der Erdoberfläche kam, sondern aus den Tiefen des Weltraums. Wider Erwarten maßen die Detektoren in unregelmäßigen Abständen Impulse von Gammastrahlen von ungefähr einer Sekunde Dauer, die aus dem Weltraum kamen. Diese „Gammablitze", wie man sie nannte, treten ungefähr einmal täglich auf und kommen aus allen Richtungen des Weltraums. Ihre mögliche Dauer liegt zwischen wenigen Millisekunden und einigen Sekunden (Abb. 1.5). Aus welcher Richtung sie kommen, lässt sich nicht vorhersehen, und lange Zeit kannte man nur ihre Gammastrahlung. Über die Ursache dieses Phänomens wurden alle möglichen Spekulationen angestellt, bis eines Tages Ende der 1990er Jahre erstmals das Nachglühen von Gammablitzen im Röntgenbereich beobachtet wurde. Durch diese Messung gelang es, die Position der Gammablitze am Himmel zu lokalisieren. Gammablitze sind auf Phänomene zurückzuführen, die sich in Regionen abspielen, die so weit entfernt von uns sind wie die Quasare, mit anderen Worten, sie finden am Rand des Universums statt. Diese sehr hellen und weit entfernten Blitze sind genau wie die Quasare außerordentlich energiereich. Einige dieser Erscheinungen entstehen dadurch, dass normale Sterne am Ende ihres Lebens in sich zusammenfallen, andere wiederum sind dadurch zu erklären, dass zwei

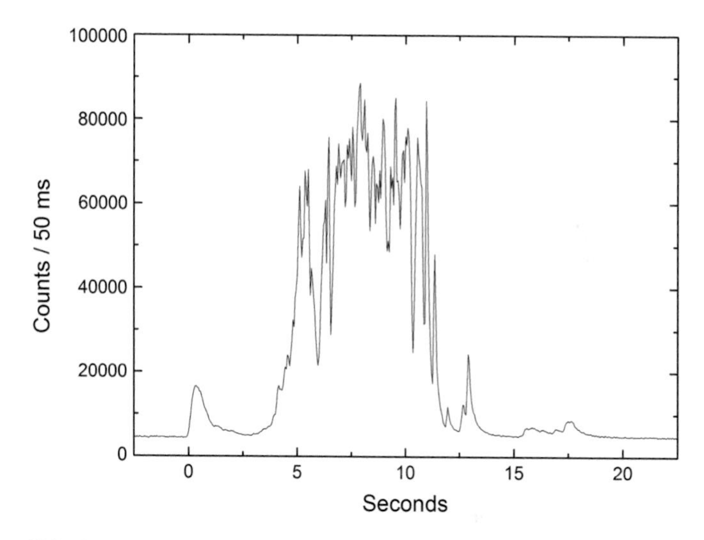

Abb. 1.5 Intensität der Gammastrahlung, gemessen am 27. April 2013 vom INTEGRAL-Satelliten während eines Gammablitzes. Die Dauer des Blitzes betrug ungefähr 10 s. Derartige Blitze sind etwa einmal täglich zu beobachten

Neutronensterne miteinander kollidieren und verschmelzen, wodurch ein neues schwarzes Loch entsteht.

Bei einem Gammablitz von einigen Sekunden oder auch nur Sekundenbruchteilen Dauer wird mehr Energie freigesetzt als von der Sonne in den ganzen zehn Milliarden Jahren ihrer Existenz. Genau wie bei den Quasaren und Pulsaren ähnelt die geometrische Struktur von Gammablitzen eher einem Jet als einer Kugel.

Ende der 1970er Jahre wurden neue Arten von Gammablitzen entdeckt. Diese treten wiederholt auf und können deshalb weder auf den Kollaps von Sternen noch auf die Verschmelzung von Neutronensternen zurückgeführt werden, denn das sind einmalige Vorgänge. Die Ursache für dieses Phänomen ist eine andere. Es handelt sich um die Reorganisation der Magnetfelder auf der Oberfläche von Neutronensternen. Das sind die stärksten bekannten Magnetfelder im Universum.

Diese großen Kategorien von kosmischen Objekten und Phänomenen lassen sich in viele, häufig sehr unterschiedliche Untergruppen einteilen. Vor der Entdeckung all dieser Phänomene hatte man keine Ahnung davon gehabt, dass es sie überhaupt gibt, obwohl die Existenz von Neutronensternen und schwarzen Löchern theoretisch bereits bekannt war.

Nachdem nun diese neuen Kategorien von stellaren Objekten entdeckt sind, besteht die erste Aufgabe des Astrophysikers darin, seine Beobachtungen zu ordnen, Gemeinsamkeiten zwischen manchen Objekten zu suchen und Phänomene in kohärente Klassen und Gruppen einzuteilen. In dieser Hinsicht unterscheidet sich seine Arbeit nicht von der eines Zoologen oder Botanikers. Anschließend muss er das ganze vorhandene physikalische Wissen einsetzen, um die Phänomene zu erfassen, zu verstehen und sie plausibel zu erklären. Die Aufgabe des Astronomen ist vergleichsweise schwierig, denn im Gegensatz zu einem Forscher, der im Labor arbeitet, stehen ihm nur seine Beobachtungen von Naturphänomenen zur Verfügung, und es ist ihm unmöglich, die Parameter des Systems zu beeinflussen, um deren jeweilige Bedeutung zu verstehen.

All diese Objekte sind in der Zeit von 1960 bis heute entdeckt worden. Berücksichtigt man die Vielfalt und die Fremdheit der beobachteten Dinge und die Tatsache, dass wir nur wenige oder gar keine Möglichkeiten haben, diese

Beobachtungen im Labor zu reproduzieren, ist das ein sehr kurzer Zeitraum. Für diese Arbeit stehen nur wenige Instrumente zur Verfügung, etwa einige Dutzend Satelliten zur Beobachtung von UV-, Röntgen- oder Gammastrahlung. Es bedarf noch vieler Anstrengungen und Beobachtungen und vor allem vieler kluger Köpfe, um all die entdeckten Phänomene zufriedenstellend zu erklären.

1.3 Die neuen Kategorien von Objekten unterliegen in der Regel zeitlichen Schwankungen

Zwischen den seit Langem bekannten und den neu entdeckten Phänomenen besteht ein eklatanter Unterschied. Die Sterne und Galaxien entwickeln sich in einem zeitlichen Rahmen von zehn Millionen, bis Milliarden Jahren. Die neuen Typen stellarer Objekte aber, die Phänomene auslösen, deren Energiegehalt den ganzer Galaxien übertrifft, verändern sich in selbst nach menschlichem Maßstab ungeheuer kurzen Zeiträumen. Konkret lässt sich das am besten zeigen, wenn man in regelmäßigen Abständen, beispielsweise von einem oder mehreren Tagen, Aufnahmen von den Röntgen- oder Gammastrahlen am Himmel macht. Die Bilder von den Röntgenstrahlen in der beobachteten Region unterscheiden sich deutlich voneinander, doch der ganze Sternenhimmel sieht in jeder Nacht gleich aus (Abb. 1.6). Die einzigen sichtbaren Unterschiede sind auf die Bewegungen der Planeten und auf die langsame Rotation der Erde um die Sonne zurückzuführen.

Abb. 1.6 Der Sternenhimmel über dem Observatorium der ESO auf dem Cerro Paranal (Chile). Unsere Galaxie, die Milchstraße, ist als unregelmäßige Diagonale zu erkennen. Die leuchtende gerade Linie ist die Spur einer Sternschnuppe, eines der sehr seltenen Phänomene, die mit bloßem Auge am Nachthimmel zu beobachten sind. (Quelle: ESO/S. Guisard ©)

1.4 Veränderung – im Universum eine Konstante

Die scheinbare Stille des nächtlichen Sternenhimmels hat unser Denken zutiefst beeinflusst. Ewigkeit und Ruhe verbinden wir ganz selbstverständlich mit der Vorstellung von Vollkommenheit. Diese Vorstellung hat Olivetanus, der im 16. Jahrhundert als erster die Bibel ins Französische übersetzt hat, sogar dazu veranlasst, Gott den Beinamen „l'Eternel", der „Ewige", zu geben. Diesem Denken verdanken wir auch die Verheißung des ewigen Lebens, von dem in der christlichen Glaubenslehre so häufig die Rede ist. Das Himmelszelt und die Ruhe symbolisierten auch im aristotelischen Denken das Ideal der Vollkommenheit. Für Aristoteles waren nur die sublunaren Sphären durch zeitliche Veränderungen und nichtsphärische Formen „verdorben". Galileo hat diesem Ideal ein Ende bereitet, denn nachdem er den Mond durch ein Fernrohr betrachtet hatte, verkündete er, dessen Oberfläche sei genau wie die der Erde von Gebirgen verformt. Die mithilfe moderner Instrumente gewonnenen Erkenntnisse über den Kosmos haben die Assoziation von Ideal und Ruhe noch stärker erschüttert, weil sie zeigen konnten, dass der Kosmos Schauplatz heftiger Veränderungen ist. Unsere unmittelbare Umgebung auf der Erde bildet so gesehen keine Ausnahme, sondern entspricht vielmehr der Regel.

Noch zu Beginn des 20. Jahrhunderts war die Vorstellung von der Unveränderlichkeit des Universums so fest in der kollektiven Vorstellung verankert, dass Einstein seine Gleichungen zur Relativitätstheorie, mit denen er die Gravitation beschrieben hat, abänderte und durch einen zusätzlichen Term, die kosmologische Konstante, ergänzte, als er feststellte, dass seine Gleichungen keine statische Lösung für das Universum erlaubten. Als Lemaître einige Jahre später entdeckte, dass das Universum expandiert, hielt man diesen zusätzlichen Term für überflüssig, denn die neue Erkenntnis bewies, dass das Universum nicht statisch und unveränderlich ist.

Obwohl man sich im 19. Jahrhundert bereits heftige Auseinandersetzungen über die Theorie von der Evolution der Arten geliefert hatte, verdeutlicht die Geschichte von der kosmologischen Konstante, die der Relativitätstheorie hinzugefügt worden war, um ein vermeintlich statisches Universum zu beschreiben, wie lange die aristotelische Unterscheidung zwischen der verdorbenen sublunaren Sphäre und der idealen Welt jenseits davon noch im kollektiven Bewusstsein verankert war. Die Entdeckungen der modernen Astrophysik beweisen jedoch, dass diese Unterscheidung jeder Grundlage entbehrt. Die in den letzten Jahrzehnten entdeckten Objekte und Phänomene sind der Beweis dafür, dass auf allen für uns erreichbaren Ebenen häufig sehr heftige Veränderungen stattfinden. Im Universum gibt es keinen privilegierten Ort, an dem sich nie etwas verändert.

Unser Verständnis vom Kosmos und der beobachtbaren Himmelssphäre ist ein ganz wesentlicher Bestandteil unserer Kultur. Es ermöglicht uns, die Menschen in einem größeren Zusammenhang zu sehen und ihre Geschichte im Kontext des Universums zu erzählen. Diese Geschichte ist aber nicht dieselbe, je nachdem, ob wir die Erde als den Mittelpunkt einer unveränderlichen Welt betrachten, oder aber, wie es uns die Astronomen gelehrt haben, als einen Planeten von vielen, der in einer sich ständig verändernden Atmosphäre um einen von Milliarden anderer Sterne kreist.

Die moderne Astrophysik hat gezeigt, dass alles im Universum Veränderungen unterworfen ist und dass dabei komplexe Konstellationen eine wichtige Rolle spielen. Diese Wissenschaft trägt dazu bei, unser Weltbild tief greifend zu verändern, weil sie aufzeigt, dass das eigentlich Wesentliche im ständigen Wandel liegt, und nicht in einer zur Vollkommenheit erklärten Unbeweglichkeit.

2

Die Astronomen und die Zeit

In den vergangenen Jahrzehnten haben die Astronomen Entdeckungen gemacht, die unsere Sicht auf das Universum revolutionierten. Sie entwickelten Instrumente, mit denen sie den Himmel beobachteten, sie haben alle Größen gemessen, die für sie zugänglich waren, wie etwa die Temperatur eines Milieus, die Energie von Teilchen oder die chemische Zusammensetzung von Gas; sie entwickelten Modelle, die zu diesen Messungen passten, trafen dann anhand dieser Modelle Aussagen über bisher unbekannte Eigenschaften der von ihnen untersuchten Objekte, um dann schließlich wieder von vorne anzufangen. Dieses Vorgehen ist charakteristisch für die gesamte Astrophysik. Diese Anwendung wissenschaftlicher Methodik auf die Beobachtung des Himmels ist ein sehr altes, bereits in der Antike verwendetes Prozedere.

T.J.-L. Courvoisier, *Keine Gesellschaft ohne Wissenschaft!*,
DOI 10.1007/978-3-662-55556-9_2

Bis zum Beginn des 17. Jahrhunderts erfolgten Himmelsbetrachtungen ausschließlich mit dem bloßen Auge, und Instrumente dienten in erster Linie dazu, Winkel zu messen. Das Interesse richtete sich damals darauf, den Platz der Erde im Sonnensystem und im Kosmos zu bestimmen und Modelle davon, sogenannte Kosmogonien, zu erstellen. Mit dem Bau des großen Observatoriums, das Tycho Brahe auf der im Öresund zwischen Dänemark und Schweden gelegenen Insel Ven errichten ließ, oder der Sternwarte im indischen Jaipur wurde das astronomische Instrumentarium umfangreicher. Dann betrachtete Galileo den Mond, die Sonne und den Jupiter durch ein Fernrohr und ebnete damit den Weg für die Analyse der Beschaffenheit dieser Himmelskörper. Allerdings spielte diese Art von Forschung in der Astronomie lange Zeit nur eine untergeordnete Rolle. Die Tätigkeit der Astronomen richtete sich bis vor Kurzem vor allem darauf, die Zeit zu messen, d. h. die Jahreszeiten und Jahre, aber auch die Tage und Stunden, schließlich die Minuten, Sekunden und Bruchteile von Sekunden.

2.1 Zeit, die sichtbare Bewegung der Sterne und die Mechanik

Schon in den frühesten Anfängen seiner Geschichte hat der Mensch die sichtbaren Bewegungen der Sterne dazu benutzt, um die Zeit zu messen. Die Sonne, der Mond und die Sterne sind die einzigen Anhaltspunkte, anhand derer es möglich ist, die Zeit einzuteilen. Und dazu sind noch nicht einmal grundlegende Kenntnisse der physikalischen Gesetze erforderlich. Die Sterne, so wie wir sie aufgrund des sichtbaren Lichts mit unseren Augen wahrnehmen, sind zu diesem Zweck zuverlässig genug. Würde man den Himmel dagegen im Bereich der Röntgenstrahlung betrachten, einem Bereich, in dem sich die Intensität der Himmelskörper ständig verändert und in dem sie manchmal sogar ganz verschwinden, so wären diese am Himmel beobachteten Veränderungen sehr wahrscheinlich nicht geeignet, um die verstreichende Zeit zu bestimmen.

Andere regelmäßige Bewegungen wie beispielsweise die Schwingungen eines Pendels oder die von schwingenden Quarzen oder atomaren Übergängen waren im Gegensatz zu den Himmelsbewegungen nicht geeignet, die Zeit zu messen, weil man die Phänomene noch nicht verstand, die für derartige Bewegungen verantwortlich sind. Über diese Kenntnisse verfügen wir erst seit der Neuzeit.[1] Die Schwingungsperioden von Pendeln haben die Gelehrten erst um das Jahr 1600 herum verstanden, und erst seit dieser Zeit können die Pendelbewegungen in Uhren zur Zeitmessung eingesetzt werden. Noch heute sprechen wir von Pendeluhren. Später wurde diese Mechanik in den meisten modernen Uhren durch schwingende Quarzkristalle ersetzt. Und in den vergangenen Jahrzehnten ist es gelungen, die Schwingungen beim Atomübergang so gut zu verstehen, dass die Zeitmessung in unseren Gesellschaften heute auf Atomuhren basiert.

[1] Sand- und Wasseruhren lassen wir hier beiseite.

2.2 Die Jahreszeiten

Ohne das Wissen darüber, wie sich der Stand der Sonne im Verhältnis zur Erde im Lauf eines Jahres verändert, lassen sich die Jahreszeiten nicht verfolgen. Auf der nördlichen Erdhalbkugel steigt die Sonne im Winter und im Frühling jeden Tag ein wenig höher, um dann im Sommer und im Herbst wieder abzusteigen. Auf der südlichen Hemisphäre sind diese Jahreszeiten um genau ein halbes Jahr verschoben. Schon manche der allerersten von Menschen errichteten Monumente, die noch heute erhalten sind, wie die bereits vor dem Schriftzeitalter errichteten Stones of Stenness (Abb. 2.1) auf den Orkneyinseln oder die von Stonehenge in England, sind nach einem

Abb. 2.1 Die Stones of Stenness auf den Orkneyinseln. (© S. Kessler)

Höhepunkt des astronomischen Jahres ausgerichtet, etwa nach der Wintersonnenwende. Es waren also bereits damals Himmelsbeobachter, Astronomen, die über die Aufstellung dieser Monumente wachten, mit denen es möglich war, die Jahreszeiten zu bestimmen.

Um schon in prähistorischer Zeit auf den britischen Inseln den Stand der Sonne zum Zeitpunkt der Wintersonnenwende zu bestimmen, waren jahrelange Beobachtungen erforderlich; man musste sich die verschiedenen Positionen merken und die Beobachtungsergebnisse von Jahr zu Jahr weitergeben. War dann einmal ermittelt, wo die Sonne zur Wintersonnenwende stand, musste wahrscheinlich noch die Gemeinschaft davon überzeugt werden, dass es sinnvoll war, auf dieser Achse ein Monument zu errichten, denn um das zu leisten, war eine große gemeinschaftliche Anstrengung erforderlich. Heute würde man vielleicht von einem Großteil des Bruttoinlandsprodukts der Gemeinschaft sprechen. Bedenkt man, wie viel Mühe es uns kostet, unsere Behörden und unsere Mitmenschen davon zu überzeugen, dass unsere astronomische Arbeit sinnvoll ist, so müssen unsere Vorfahren eine enorme Überzeugungsarbeit geleistet haben, um zu diesem Ergebnis zu gelangen!

Waren diese gigantischen Steine erst einmal aufgestellt und ausgerichtet, konnte man mit ihrer Hilfe das ganze Jahr über die Zeit messen. Für die Landwirtschaft ist das ungeheuer wichtig. Nur eine zeitlich genaue Vorstellung von den Monaten ermöglicht die Aussaat zum richtigen Zeitpunkt, denn das Wetter allein ist kein zuverlässiger Indikator für die Jahreszeiten. Erst durch die Beobachtung des Himmels, die Beobachtung der Sonne und der

Sterne, also erst durch die Arbeit der Astronomen, waren die prähistorischen Gesellschaften in der Lage, erfolgreich Ackerbau zu betreiben. Die Fähigkeit, die Zeit im Ablauf des Jahres zu bestimmen, gehört zu den Errungenschaften, die es dem Menschen ermöglicht haben, seine Umwelt zu beherrschen, eine Fähigkeit, die entscheidend zur Entwicklung der Zivilisation beigetragen hat. Und diesen Beitrag zur Entwicklung der Menschheit verdanken wir der Astronomie.

2.3 Die Zeit und das Leben in der Gesellschaft

Die Bestimmung der Jahreszeiten ist für die Landwirtschaft von zentraler Bedeutung. Will man sich allerdings mit einem anderen Menschen verabreden oder ein Treffen vereinbaren, was ja für das Leben in der Gesellschaft eine wichtige Rolle spielt, so ist diese Art der Zeitmessung nicht präzise genug. Dafür muss man in der Lage sein, die Tageszeiten genau zu ermitteln. Und wieder einmal fällt die Hauptaufgabe dabei der Astronomie zu. Die Tageszeit wird durch die Drehung der Erde um sich selbst bestimmt. Und diese wiederum misst man, indem man von der Erdoberfläche aus beobachtet, wann die Sterne den Meridian überschreiten, den Großkreis an der Himmelskugel, der durch die Rotationsachse und die Position des Beobachters definiert wird. Der Stern überschreitet den Meridian, wenn er vom Standpunkt des Beobachters aus betrachtet den höchsten Punkt über dem Horizont erreicht hat.

Die Dauer einer Erdumdrehung, also ein sogenannter siderischer Tag (von lat. sidus: Stern), ergibt sich aus der Zeit zwischen zwei aufeinanderfolgenden Durchgängen desselben Sterns durch denselben Ort. Auch die Sonne überschreitet jeden Tag den Meridian, und der Zeitpunkt, an dem sie ihren höchsten Stand erreicht, definiert den Mittag. Doch die Erde verändert ihre Position zur Sonne jeden Tag um einen Winkel von ungefähr einem Grad (das entspricht etwa dem 365. Teil der Bahn, die die Erde in einem Jahr um die Sonne beschreibt). Von der Erde aus gesehen verändert sich deshalb die Position der Sonne im Verhältnis zu den Sternen um denselben Winkel. Die Zeit zwischen zwei aufeinanderfolgenden Höchstständen der Sonne, der Sonnentag, ist deshalb nicht identisch mit dem siderischen Tag, d. h. der Zeit, die zwischen zwei Meridiandurchgängen eines entfernten Sterns verstreicht. Diese komplexen Zusammenhänge mussten erst verstanden werden, bevor es möglich war, die Zeit genau zu messen und mit ihrer Hilfe das Leben in der Gesellschaft zu strukturieren.

Die Astronomen haben je nach dem Stand der Technik ihrer Zeit die Instrumente entwickelt, die sie für ihre Beobachtungen benötigten, und in allen Gesellschaften, die die Beherrschung der Zeit für das Leben in der Gemeinschaft für nützlich erachteten, haben sie auch Jahrhunderte hindurch Nacht für Nacht die dazu nötigen Beobachtungen angestellt. Mit den Ergebnissen ihrer Arbeit hat die Astronomie einen ganz zentralen Beitrag zum Leben in der Gesellschaft geleistet, auch wenn dieser Aspekt ihrer Tätigkeit seit einigen Jahrzehnten nicht mehr mit der gleichen Intensität verfolgt wird. Betrachtet man einmal, mit welchen Aufgaben die Obrigkeiten vieler mehr oder weniger bedeutender Städte in den vergangenen Jahrhunderten ihre Observatorien betrauten, so steht die Zeitmessung mit Abstand an erster Stelle. Bis zur Mitte des 20. Jahrhunderts stellte die Gewinnung neuer Erkenntnisse in der Astrophysik nur einen Nebenbereich der Arbeit in den Sternwarten dar.

Eine weitere Schwierigkeit, die es zu lösen galt, war die Frage, wie man der Bevölkerung die genaue Uhrzeit mitteilen konnte. Wenn der lokale Astronom beispielsweise weiß, dass es in seiner Sternwarte gerade Mittag ist, so kann er wohl kaum zu Fuß oder zu Pferd loseilen, um dem Bürgermeister oder einer sonstigen Amtsperson mitzuteilen, dass es jetzt gerade zwölf Uhr mittags ist. Bei seiner Ankunft unten im Ort wäre die Mittagszeit längst vorbei. Da der Schall sich mit einer Geschwindigkeit von etwa 300 m/s verbreitet, waren akustische Signale als Mittel für die Zeitübermittlung, beispielsweise für die Navigation auf See, nicht genau genug. Die Stadt Athen und auch andere Gemeinden haben dieses Problem im 19. Jahrhundert dadurch gelöst, dass sie ein optisches Signal verwendeten. Genau in dem Moment, in dem es auf der Sternwarte Mittag war, ließ man eine Kugel von einem Mast auf dem Dach des Observatoriums herunterfallen (Abb. 2.2). Der Mast war von der Kathedrale aus zu sehen, und der Glöckner konnte zum exakten Zeitpunkt seine Glocken läuten und so der Bevölkerung jeden Tag die genaue Uhrzeit angeben. Die Verzögerungen aufgrund der Ausbreitung des Schalls waren dabei so gering, dass sie für das tägliche Leben an Land – im Gegensatz zur Navigation auf See – kein Problem darstellten, denn niemand hält eine Verabredung auf die Sekunde genau ein.

Abb. 2.2 Die Sternwarte von Athen. Sie wurde 1842 errichtet, um der Stadt die genaue Uhrzeit anzugeben. Von einem Mast wurde jeden Tag um Punkt 12 Uhr mittags eine Kugel fallen gelassen. (Quelle: Fingalo, CC-BY-SA 2.0 Deutschland; Wikicommons ©)

Viele Jahrhunderte hindurch und noch bis vor gar nicht langer Zeit standen die Observatorien vor allem im Dienst ihrer Gemeinden, und ihre Aufgabe war es, präzise Zeitmessungen durchzuführen. Die Sternwarte von Besançon wurde beispielsweise in den 1870er Jahren gegründet, aber die in ihr arbeitenden Astronomen sollten nicht etwa ihr Wissen über den Kosmos erweitern, sondern vielmehr die ortsansässige Uhrenindustrie unterstützen, die sich gegenüber der Konkurrenz aus Genf und Neuchâtel im Nachteil befand, weil die nämlich über Observatorien zur präzisen Zeitmessung verfügte.

Seit Mitte des vergangenen Jahrhunderts ist die Mechanik in den Uhren allmählich durch eine Technik abgelöst worden, die sich zunächst die Schwingung von Kristallen und später die von Atomübergängen zunutze machte. Diese neuen Uhren sind sehr viel kostengünstiger und messen die Zeit sehr viel genauer, als es astronomischen Sternwarten über den Tag hinweg möglich ist. Dennoch hängt auch die Atomzeit mit der astronomischen Zeit zusammen, und die fortschreitende Verlangsamung der Erdrotation aufgrund der Gezeitenreibung wird regelmäßig dadurch ausgeglichen, dass man der amtlichen Atomzeit Schaltsekunden hinzufügt, wodurch die offizielle Zeit weiterhin mit der astronomischen Zeit übereinstimmt.

2.4 Zeit und Navigation

Zwischen der Messung der Zeit und der Bestimmung von Positionen auf der Erdoberfläche besteht ein enger Zusammenhang. Die Zeit wird anhand des Meridiandurchganges von Sternen bestimmt, wobei der Meridian von der Position des Beobachters abhängt. Zwei Punkte auf der Erde, die auf unterschiedlichen Längengraden liegen, bestimmt man dadurch, dass man misst, wie viel Zeit zwischen den Meridiandurchgängen an den beiden Punkten verstrichen ist. Der Stand der Sonne über dem Horizont zur Mittagszeit, mit dem sich die geografische Breite ermitteln lässt, hängt außerdem nicht nur von der Position des Beobachters ab, sondern auch vom Tag der Messung. Für die Ermittlung der relativen Position zweier Punkte auf der Erde sind also genau wie für die Messung der Zeit in erster Linie astronomische Berechnungen erforderlich.

Auf diesen Erkenntnissen beruht die gesamte geografische Kartografie; sie sind auch die Grundlage für die Navigation auf hoher See, wo es keine anderen Orientierungspunkte außer den Gestirnen gibt. Der Steuermann ermittelt die zurückgelegte Entfernung, indem er seine Position in regelmäßigen Abständen anhand der Sonne und der Sterne bestimmt und sie in eine Seekarte einträgt.

Erst seit den 1990er Jahren lässt sich durch den Empfang von Signalen, die von Satelliten in der Erdumlaufbahn ausgehen, eine genaue Positionsbestimmung vornehmen. Zu den bekanntesten Satellitennavigationssystemen zählen GPS aus den USA und das noch im Aufbau befindliche europäische System Galileo. Für die Bestimmung einer Position mithilfe des GPS-Systems muss man zum einen die Umlaufbahn der Satelliten kennen, sowie deren jeweilige Position auf der Bahn. Diese Daten lassen sich von Bodenstationen auf der Erde geometrisch messen, deren Position bekannt ist. Diese Positionen müssen jedoch unabhängig voneinander bestimmt werden, und das geschieht mittels astronomischer Messungen. Wie die Messung der Zeit sind also auch die modernsten Ortungssysteme eng mit den Grundlagen der Astronomie verbunden.

Die Entwicklung der Kartografie und der Navigation sind das Ergebnis der Arbeit der Astronomen, die mit der Zeit die Position von Sternen immer genauer bestimmen konnten, so dass sich dank ihrer Messungen auch Reiserouten besser berechnen ließen als in früheren Zeiten, in denen man auf Schätzungen angewiesen war. Geografische und navigatorische Kenntnisse sind für die Führung und die Verteidigung eines Landes und auch für die Eroberung „neuer" Gebiete von zentraler Bedeutung. Sie sind für Regierungen und Militär unerlässlich, und deshalb wurden die entsprechenden Forschungsarbeiten immer auch finanziert, wenn auch manchmal mit recht bescheidenen Mitteln, und die Ergebnisse häufig zur Geheimsache erklärt.

2.5 Zeit und Riten

Die Sterne bestimmen nicht nur die Zeit, sondern auch den Zeitpunkt für manche Riten. Der Ramadan dauert einen Mondmonat lang, er endet, wenn der Mond sich nach Neumond zum ersten Mal wieder zeigt. Ostern feiern wir am ersten Sonntag nach dem ersten Vollmond, der auf die Frühjahrstagundnachtgleiche folgt. Der Algorithmus, mit dem dieses Datum berechnet wird, ist offenbar etwas ungenau, was dazu geführt hat, dass sich die westlichen und die orthodoxen Kirchen über den genauen Zeitpunkt nicht immer einig sind. Aber wieder ist es die

Arbeit der Astronomen, an der sich der Zyklus der religiösen Feiertage einer Gemeinschaft orientiert.

Der Zeitpunkt für die jährlich wiederkehrenden Feiertage richtet sich nach den regelmäßigen Vorgängen am Himmel. Unregelmäßig auftretende Himmelsereignisse, wie beispielsweise das Auftreten von Kometen, haben das Leben der Gesellschaften aber ebenfalls beeinflusst. Man deutete sie als Zeichen, oft als böse Vorzeichen. Die Bahn von Kometen lässt sich ebenso vorhersagen wie die von Planeten, doch da sie meistens sehr weit entfernt von der Sonne vorbeiziehen und in dieser Entfernung nicht einmal mit den stärksten Teleskopen zu sehen sind, entsteht der Eindruck, dass sie sich auf mysteriöse Weise aus dem Nichts nähern. Ihr Erscheinen wurde lange Zeit hindurch als ein Vorzeichen für wichtige Ereignisse gedeutet. Das Gleiche gilt für Sonnenfinsternisse, bei denen die Sonne vorübergehend hinter dem Mond verschwindet. Bevor es möglich war, den Zeitpunkt derartiger Sonnenfinsternisse genau vorherzusagen, galten auch sie als positive oder negative Vorzeichen für die Zukunft.

Der enge Zusammenhang zwischen Astronomie und Zeitmessung ist nicht nur in der jüdisch-christlichen oder westlichen Welt bekannt. Wie für alle wissenschaftlichen Messungen gilt auch für die Beobachtung der sich täglich wiederholenden Himmelsbewegungen, dass sie überall auf der Welt angestellt wurden. Die australischen Ureinwohner beispielsweise gaben ihren sechs Jahreszeiten die Namen der Sterne, die jeweils zu deren Beginn am Himmel erschienen.[2]

---

[2]Norris R.P./Hamacher D.W., Proceedings IAU symposium 260, Hrsg: D. Valls-Gabaud und A. Boksenberg, S. 40.

Für die chinesische Astronomie bestand eine enge Verbindung zwischen den sichtbaren Bewegungen der Sterne, dem Kalender und der politischen Macht. Da die Anzahl der Tage im Jahr keine ganze Zahl ergibt, und das Gleiche auch für die Mondmonate eines Jahres gilt, müssen die Kalender regelmäßig angepasst werden. Wir tun das, indem wir alle vier Jahre den Monat Februar um einen Tag verlängern, das sind die Schaltjahre. Die chinesischen Kalender stimmten nach einigen Jahrzehnten nicht mehr mit den Jahreszeiten überein und mussten deshalb von Zeit zu Zeit korrigiert werden. Diese Veränderungen gingen mit wichtigen politischen Veränderungen einher, denn ein neuer Kalender wurde immer auch mit dem Beginn einer neuen Herrschaftsperiode assoziiert.[3]

2.6 Die Astronomie im Dienst der Gesellschaft

Die Fähigkeit, die Zeit zu messen und geografische Positionen zu bestimmen, war für die Landwirtschaft, den Aufbau der Gesellschaft und für die Seefahrt von außerordentlicher Bedeutung. Die Regierung eines Staates war deshalb bei vielen wichtigen Aufgaben auf Astronomen angewiesen, und das gilt für alle Regierungen weltweit. Diese besondere Stellung der Astronomen in der Gesellschaft und im Staat zeigt sich noch heute an der

[3] X. Sun, Proceedings IAU symposium 260, Hrsg.: D. Valls-Gabaud und A. Boksenberg, S. 98.

herausragenden Position des königlichen Astronomen im Vereinigten Königreich. Die Tatsache, dass die astronomischen Erkenntnisse der letzten Jahrzehnte sehr viel mehr mit der Physik der kosmischen Objekte zu tun haben als mit der für die Gesellschaft wichtigen Zeitmessung, bewirkt allerdings, dass seine Stellung, wie auch die seiner Kollegen in anderen Ländern, eher mit gesellschaftlichem Ansehen einhergeht als mit realer Macht.

Im Laufe der Jahrtausende und Jahrhunderte haben Astronomen der Gemeinschaft und ihren Regierungen einen ganz konkreten Dienst geleistet. Bis in die zweite Hälfte des 20. Jahrhunderts hinein hat diese Arbeit den Gang und die Entwicklung der Gesellschaften ganz wesentlich beeinflusst. Dieser Dienst an der Gesellschaft hat auch die anderen Tätigkeiten der meisten Astronomen stark bestimmt. Die Gewinnung neuer Erkenntnisse, die heute im Mittelpunkt der Arbeiten in der Gemeinschaft der astronomischen Forscher steht, ist auch eine Form des Dienstes an der Menschheit, allerdings eine abstraktere. Das aus der Beobachtung des Himmels und der Himmelskörper resultierende Wissen hat in der Geschichte dazu beigetragen, die menschliche Kultur zu bereichern, und es bereichert sie auch heute noch.

3

Die Astronomie und die moderne Gesellschaft

Von Anfang an hat die Astronomie die Zivilisationen durch ihren intellektuellen Beitrag entscheidend mitgestaltet. Sie war es, die den Menschen die Instrumente an die Hand gegeben hat, mit denen sie auf der Erde Zeit und Raum messen konnten. Seit einigen Jahrzehnten prägt sie die moderne Welt auch durch ihren Einfluss auf Technologie und Politik.

3.1 Astronomie und Technologie

Die ersten astronomischen Entdeckungen der 1960er Jahre, unter anderem die der Quasare, der Röntgendoppelsterne sowie der Pulsare, waren das Ergebnis von Himmelsbeobachtungen mithilfe einer Technologie, die eigentlich für einen ganz anderen Zweck entwickelt

T.J.-L. Courvoisier, *Keine Gesellschaft ohne Wissenschaft!*,
DOI 10.1007/978-3-662-55556-9_3

worden war. Sie diente ursprünglich militärischen Zwecken im Zweiten Weltkrieg. Die Technologie der Radioteleskope aus den 1950er Jahren beruhte zu einem großen Teil auf den Radarsystemen, mit denen die Alliierten Flugzeuge geortet haben. Und die Raketen, mit denen es möglich war, die ersten Röntgendetektoren in Bereiche außerhalb unserer Atmosphäre zu befördern, sind eine direkte Weiterentwicklung der deutschen V2-Raketen, mit denen englische Städte bombardiert wurden.

Durch den Technologietransfer vom militärischen Bereich auf den der zivilen Wissenschaft waren vielfältige Entdeckungen möglich geworden, und weil man diese neuen Phänomene verstehen wollte, traten die militärischen Beweggründe für die Entwicklung besserer Beobachtungstechniken allmählich in den Hintergrund. Die Forscher, die sich diesen neuen Gebieten der Astronomie, der späteren Hochenergieastrophysik, widmeten, arbeiteten schon sehr bald an der Entwicklung immer empfindlicherer Instrumente. Am Beispiel der Röntgenastronomie lässt sich das gut verdeutlichen: Nach der Entdeckung einer ersten strahlenden Röntgenquelle stellte sich natürlich die Frage, ob es noch weitere solcher Quellen gibt und welche Eigenschaften sie besitzen. Deshalb mussten Instrumente entwickelt werden, die Röntgenstrahlen genauer registrierten als die früheren, und mit denen man den ganzen Himmel beobachten konnte. Nun lieferte zwar die Messung der Röntgenstrahlung eine wichtige Information, reichte aber bei Weitem noch nicht aus, um zu verstehen, welche physikalischen Phänomene die Ursache dieser Strahlung sind. Um beispielsweise die Temperatur der Quelle zu ermitteln, musste der Röntgenstrahlenfluss bei mehreren Energien gemessen werden; und um herauszufinden, welche Arten von Atomen an den Vorgängen beteiligt sind, war es erforderlich, die Energie der Röntgenstrahlung mit äußerster Präzision zu messen. Meistens ergaben sich aus den neuen Messungen dann neue Fragestellungen, und diese wiederum führten dazu, dass neue Detektoren entwickelt wurden. Das Spiel setzt sich fort, die Instrumente werden immer empfindlicher und damit aber auch immer teurer. Der Preis für die größten, zu Beginn des 21. Jahrhunderts entwickelten Instrumente kann bis zu einer Milliarde betragen, ob nun Euros, Schweizer Franken oder Dollars, das macht letztlich keinen Unterschied aus.

Diese Entwicklung wirft regelmäßig Fragen nach dem Sinn dieser Forschung und ihrem Nutzen für die Gesellschaft auf.[1] Doch unabhängig von den Überlegungen, ob es angemessen ist, die Forschungen mit so kostspieligem Aufwand fortzusetzen, ist die Astronomie zu einer wichtigen Antriebskraft für die technologische Entwicklung geworden.

Etliche Weltraummissionen, angefangen mit den ersten Raketen im Jahr 1962 bis hin zur Installation von Teleskopen im All zu Beginn des 21. Jahrhunderts, haben dazu beigetragen, dass in der Röntgenastronomie, die sich auf die Beobachtung der Röntgenstrahlung konzentriert, große Fortschritte erzielt wurden. Die Abb. 3.1 und 3.2

[1]Siehe: J. Remedios, E. Messerschmidt, S. Wittig, T. J.-L. Courvoisier, Space Sciences, Why? Three essays to explore the value of science in Space; Earth, Exploration, Stars, 2016, (http://fr.calameo.com/books/0011383688fc19f0a0abe).

Abb. 3.1 Start einer Aerobee-Rakete. Mit diesem Raketentyp haben R. Giacconi und seine Kollegen als erste Röntgenstrahlen entdeckt, die nicht von der Sonne herrührten. (Quelle: USAF/ Wikicommons ©)

Abb. 3.2 Start der Ariane-Rakete der ESA mit dem Weltraumobservatorium XMM-Newton an Bord, 1999. (Quelle: ESA/CNES/Arianespace-Service Optique CSG)

vermitteln einen Eindruck davon, wie sich der Umfang der Missionen seit den 1960er Jahren entwickelt hat. Bei den ersten Starts wurden einige Kilogramm schwere Detektoren für nur wenige Minuten in Bereiche oberhalb der Atmosphäre geschossen, bei den jüngsten Missionen hat man Teleskope mit einem Gewicht von mehreren Tonnen in die Umlaufbahn außerhalb der Atmosphäre gebracht, wo sie zehn Jahre lang oder länger funktionieren sollen. Die Größe dieser Instrumente und Teleskope sowie ihre Lebensdauer stellen bei Weitem nicht das einzige Problem dar. Die Leistung dieser Detektoren erreicht die physikalischen Messgrenzen. Sie sollen für jedes Photon, also jedes Lichtteilchen, mit größtmöglicher optischer Präzision messen, aus welcher Richtung es kommt, seine Energie genau bestimmen und mit der Präzision einer Atomuhr den Zeitpunkt seiner Ankunft im Detektor angeben.

Bis in die 1980er Jahre hinein bediente man sich fotografischer Platten als optische Detektoren. Die großen Teleskope hatten einen Durchmesser von drei bis fünf Metern; ihrem Gewicht und auch ihrem Durchmesser waren aus Gründen der mechanischen Stabilität Grenzen gesetzt. Die heutigen Detektoren funktionieren durchweg elektronisch und sind häufig äußerst komplex. Die Elektronik hat es ermöglicht, die Form der Spiegel aktiv zu kontrollieren und damit die durch die starre Struktur der Teleskope bedingten Grenzen zu überwinden. Die großen heute eingesetzten Teleskope besitzen einen Durchmesser von acht bis zehn Metern (Abb. 3.3), und am ESO (European Southern Observatory), dem Observatorium, das von den Europäern in Chile errichtet

Abb. 3.3 Der MUSE-Spektrograf, der im ESO in Chile auf einem Teleskop von 8 Metern Durchmesser zum Einsatz kommt. (Quelle: ESO ©)

wurde, um die dort besonders günstigen Bedingungen zu nutzen, baut man gerade ein Teleskop mit einem Durchmesser von 39 m.

Die neuen Entdeckungen in der Astronomie und der Wunsch der Astronomen, ihr Wissen entsprechend zu vertiefen, haben dazu geführt, dass sie immer höhere Forderungen an die Technik stellen und damit den Anstoß für technologische Erneuerungen geben. Ihnen geht es darum, der astronomischen Beobachtung neue Bereiche zu eröffnen und überall ein Maximum an Informationen mit einem Minimum an Beobachtungen zu erhalten. Dazu müssen bei den Messungen die physikalischen Grenzen so weit wie möglich ausgereizt werden, und technische

Unvollkommenheiten, etwa Qualitätsmängel bei optischen Oberflächen oder elektronischen Bestandteilen, dürfen nicht vorkommen. Das Ziel ist enorm hochgesteckt und geht mit erheblichen praktischen Anforderungen einher. Astronomische Beobachtungen erfolgen unter schwierigen Bedingungen draußen in der Wüste, auf hohen Bergen oder im leeren Raum außerhalb der Atmosphäre. Sind die entsprechenden Instrumente erst einmal entwickelt und entworfen, müssen sie so konstruiert werden, dass sie auch in feindlichen Umgebungen wie in der chilenischen Wüste, der Antarktis oder im Weltraum funktionieren. Geräte, die im Weltraum eingesetzt werden, müssen außerdem hohen Kräften und den Erschütterungen beim Start standhalten und außergewöhnlich zuverlässig und robust sein, damit sie jahrelang ohne Eingreifen des Menschen funktionieren.

Die Komplexität dieser Instrumente lässt sich gut anhand ihrer Kosten verdeutlichen. Der Preis für große moderne Instrumente oder wissenschaftliche Satelliten kann bei mehreren hundert Millionen, ja sogar einer Milliarde Euro liegen. Kosten von einer Milliarde entsprechen etwa 10.000 Jahren Arbeit, wenn man davon ausgeht, dass eine Person 100.000 EUR pro Jahr verdient. Da die Kosten für die Arbeit den Großteil der Gesamtkosten ausmachen, bedeutet das, dass mehrere tausend Personen etwa zehn Jahre lang gemeinsam an der Herstellung und Entwicklung eines großen modernen astronomischen Messinstruments arbeiten. Zu den Herausforderungen an das Material, an die Technik und an die Wissenschaft kommen noch erhebliche menschliche und organisatorische Anforderungen hinzu. Es müssen Gelder aufgetrieben und die geeigneten Experten gefunden werden, Teams aus Mitarbeitern unterschiedlicher Herkunft müssen gut zusammenarbeiten, das Projekt verfolgen und die einzelnen Details im Blick behalten und jederzeit beherrschen. All das sind Herausforderungen, die gemeistert sein wollen, damit das Instrument all die gewünschten Funktionen in sich vereinigen kann. Die Arbeiten sind meist von Erfolg gekrönt, nur selten scheitert einmal ein Projekt. Die beteiligten Teams haben in oft harter Arbeit die notwendigen Kompetenzen erworben, um die von der Wissenschaft an sie gestellten Forderungen zu erfüllen.

Alle an diesen Projekten beteiligten Einrichtungen, Institute und Industrien haben erheblich davon profitiert, dass sie gelernt haben, Instrumente von so hoher Komplexität und Qualität herzustellen und einzusetzen. Sowohl in wissenschaftlicher, technischer und menschlicher Hinsicht haben sie dadurch sehr viel gewonnen. Das Wissen und die Kompetenz der an der wissenschaftlichen Entwicklung direkt beteiligten Akteure wirkt sich auch auf die Arbeit in allen Bereichen der involvierten Institutionen und Industrien aus, und zwar nicht nur auf die, welche direkt mit den äußerst komplexen Instrumenten zu tun haben. Dieser interne Kompetenz- und Technologietransfer trägt nicht nur zu einer Verbesserung der technischen Verfahren bei, er wirkt sich auch positiv auf die zwischenmenschlichen Beziehungen am Arbeitsplatz aus. Die Produkte, die aus den ambitionierten wissenschaftlichen Projekten an manchen Institutionen oder deren Umfeld hervorgehen, sind deshalb oft besser als die anderer Unternehmen. Um wettbewerbsfähig zu bleiben, müssen diese dann ebenfalls einen vergleichbaren Standard erreichen. So übertragen sich die Fähigkeiten, die aufgrund der Forderungen von

Astronomen erreicht wurden, schließlich auch auf viele andere Bereiche. Inzwischen sind die an diesen Projekten Beteiligten auch in verschiedenen Institutionen und in der Industrie tätig und tragen dazu bei, ihre im Rahmen großer wissenschaftlicher Projekte erworbenen Fachkenntnisse weiter zu verbreiten. Die Gesellschaft insgesamt profitiert letztendlich von dem Wissen und den Fertigkeiten, die aus der Verfolgung wichtiger wissenschaftlicher Ziele hervorgegangen sind.

Es gibt Bereiche, in denen die Astronomie der Gesellschaft ganz konkrete Dienste geleistet hat. Ein Beispiel dafür ist der Einsatz von Röntgenstrahlen in der medizinischen Bildgebung. Um ein Röntgenbild zu erhalten, macht man sich zunutze, dass lebendes Gewebe die Röntgenstrahlen unterschiedlich stark absorbiert. Knochen absorbieren diese Strahlen stärkere als Muskelgewebe und erscheinen deshalb auf Röntgenbildern sehr deutlich. Da die Röntgenstrahlung gefährlich ist, muss die Dosis, der die Patienten bei einer Untersuchung ausgesetzt werden, unbedingt so gering wie möglich gehalten werden, ohne dass dabei die Qualität der Bilder leidet. Genau wie in der Astronomie geht es auch hier darum, ein Maximum an Information, in diesem Fall ein gutes Röntgenbild von einem Körperteil, mit einem Minimum an Photonen zu erreichen. Die Mess- und Analysetechniken, die ursprünglich in der Astronomie für die Konstruktion und den Einsatz von Instrumenten entwickelt wurden, die an Bord von Satelliten Röntgenstrahlung im All beobachten sollen, sind für die Medizin also wertvolle Vorlagen, die sie auch nutzt.

3.2 Der praktische Nutzen von Weltraumtechnologien

Weltraumtechnologien dienen nicht mehr nur der Beobachtung des Kosmos, mit ihnen hat man auch die Erde erforscht und Geräte entwickelt, die für uns ganz alltäglich geworden sind. Die Meteorologie ist ohne die regelmäßig aus dem All gesendeten Bilder und Messdaten nicht mehr vorstellbar. Für die Navigation auf See, in der Luft und auf den Straßen sind die Satellitennavigationssysteme unabdingbar geworden. Überall ist Telekommunikation via Satellit möglich, und für die Überwachung und Kontrolle unserer bebauten, natürlichen und militärischen Umwelt stehen unzählige Funktionen zur Verfügung. Jeder von uns benutzt täglich Dinge, von denen zumindest einige satellitengesteuert funktionieren. Und was für jeden einzelnen von uns gilt, gilt auch für die Wirtschaft im Allgemeinen. Eine der wesentlichen Antriebskräfte für diese Entwicklung war die Wissenschaft.

Seit Beginn des 21. Jahrhunderts ist die Wissenschaft allerdings nach Ansicht der Weltraumagenturen für die Entwicklungen neuer Weltraumtechnologien nicht mehr unentbehrlich. Sie richten ihre Strategien heute im Wesentlichen nach kommerziellen Gesichtspunkten aus und danach, welchen Nutzen sie erbringen. In einem Bericht über das wissenschaftliche Programm der Europäischen Weltraumorganisation (ESA) aus dem Jahr 2007 heißt es bereits in der Vergangenheitsform: „Die europäische Weltraumwissenschaft war ursprünglich einmal der Hauptmotor für die Entwicklung der Raumfahrttechnologien, auf deren Grundlage sich später viele Anwendungsmöglichkeiten für ein weites Spektrum gesellschaftlicher Bedürfnisse ergeben haben.“[2] Die Wissenschaft wird also nicht mehr als die treibende Kraft hinter der Entwicklung der Weltraumtechnologie angesehen, sondern nur noch als einer von vielen Kunden, der Dienstleistungen und Produkte nachfragt, die von großen Weltraumunternehmen geliefert werden. Ein solches Urteil ist für die Finanzierung der modernen Weltraumwissenschaft sehr nachteilig und schadet der dynamischen Beziehung, die sich zwischen der Welt der Wissenschaft und der der Dienstleistungen und der Industrie herausgebildet hat. Die wissenschaftlichen Impulse werden seltener, sie gehen nicht mehr oder nur noch am Rand in die Entwicklung von Technologien mit ein, von denen wir alle profitieren.

Es gibt inzwischen eine ganze Palette von satellitengesteuerten Geräten, die unser Leben verändert haben, und ohne die unser derzeitiger Lebensstandard spürbar an Qualität verlöre. Diese Abhängigkeit unserer Gesellschaft von der Satellitentechnik stellt, wie jede Abhängigkeit, eine Schwäche dar. Sie erfordert, dass wir der Wartung und Entwicklung unserer Instrumente im All sowie dem hierfür notwendigen Wissen besondere Aufmerksamkeit zuwenden. Es kann schwerwiegende Konsequenzen nach sich ziehen, wenn wir die Weltraumtechnologien nur noch unter ihrem kommerziellen Aspekt betrachten und sie nicht mehr als einen Bestandteil unserer Zivilisation verstehen. Ein schlagendes Beispiel ist der Rückstand

[2]ESA/C (2007). 13. Januar 2007.

der Europäer bei der Einführung eines satellitengestützten Navigationssystems. Das amerikanische GPS-System wurde bereits in den Jahren von 1970 bis 1980 für militärische Zwecke entwickelt und dann in den neunziger Jahren für die zivile Nutzung freigegeben. Das europäische System Galileo dagegen ist selbst im Jahr 2017 noch nicht für die Öffentlichkeit verfügbar. Die Europäer sind deshalb nicht nur auf ausländische Satellitentechnologien angewiesen, sondern auch auf die Bereitschaft der US-amerikanischen Behörden, ihnen den Zugang dazu zu gewähren. Mit einem überzeugenden, stark wachsenden wissenschaftlichen Weltraumprogramm könnte Europa wieder ein konstruktives Verhältnis zwischen den ursprünglich von der Wissenschaft ausgehenden Forderungen und der Industrie herstellen, die in der Lage ist, diese Forderungen zu erfüllen; so könnte Europa zumindest teilweise seinen Rückstand gegenüber anderen Weltraumprogrammen in der Welt aufholen. Europa könnte seine Abhängigkeit von Drittmächten verringern, wenn es eine ambitionierte wissenschaftliche Weltraumpolitik verfolgte.

3.3 Die Wissenschaft ist für die Technologieentwicklung nur eine Triebkraft unter vielen

Es wäre naiv zu glauben, allein die Erfordernisse der Wissenschaft seien für die Fortschritte in der Weltraumtechnologie verantwortlich oder aber für die astronomischen Beobachtungen unbedingt notwendig. Galileo hat das

Fernrohr nicht erfunden, er hat nur mit einem Instrument den Himmel betrachtet, das eigentlich für den Gebrauch auf der Erde und für militärische Zwecke gedacht war. Infrarotdetektoren, die Strahlung wahrnehmen, die von Objekten mit einer Temperatur von einigen hundert Kelvin (0° C entspricht 273 K) ausgehen, also dem menschlichen Körper, wurden in erster Linie für das Militär entwickelt. Ein wichtiger Motor für die Entwicklung von Lichtsensoren und einer ganzen Reihe von Softwareprodukten, von denen auch die Wissenschaft profitieren kann, ist die elektronische Datenspeicherung. Die Auswertung, Analyse und Speicherung der Daten, die der Gammastrahlen-Satellit INTEGRAL sendet, sind dafür ein gutes Beispiel: Bei seiner Konzeption Anfang der 1990er Jahre handelte es sich um ein „Big-Data–Projekt". Die Technologien für die Datenspeicherung haben sich jedoch in den folgenden zehn Jahren so stark weiterentwickelt, dass sich die von dem Satelliten gelieferten Daten heute mithilfe einiger Rechner und Discs auswerten lassen, was die technische und wissenschaftliche Arbeit im Zusammenhang mit diesem Projekt erheblich erleichtert. Für diese Entwicklung waren und sind nicht die Forscher mit ihren Forderungen verantwortlich, sondern sie sind die Folge der Datenmengen, die die meisten von uns erzeugen, wenn wir mit unseren Handys und sonstigen Geräten Fotos und Videos machen und diese an andere weiterschicken.

Die technologische Entwicklung unserer Gesellschaften ist das Ergebnis der Ansprüche, die von der Gesellschaft allgemein, der wissenschaftlichen Gemeinschaft und dem Militär formuliert werden. Aus diesen drei Sektoren werden mehr oder weniger offen und explizit Wünsche nach immer mehr Anwendungsmöglichkeiten laut, die über das hinausgehen, was zu dem betreffenden Zeitpunkt bereits erreicht oder möglich ist. Die Bemühungen, diesen Ansprüchen gerecht zu werden, kommen nicht nur dem Bereich zugute, in dem sie formuliert wurden, sondern sie nutzen später allen und tragen zur Verbesserung unser aller Leben bei, das zumindest steht zu hoffen.

3.4 Astronomie und Geopolitik

Das Verhältnis zwischen Astronomie, Wissenschaft und moderner Gesellschaft ist auch ein politisches. Es ist schon erstaunlich zu lesen, was J.F. Kennedy in seiner Rede zum Auftakt des Wettlaufs zum Mond 1962 an der Rice-Universität von Houston gesagt hat[3]. Es ist eine Mischung aus wissenschaftlichen Ambitionen: „Wir haben geschworen, dass wir nicht zusehen werden, wie der Weltraum mit Massenvernichtungswaffen gefüllt wird, sondern mit Instrumenten des Wissens und des Verständnisses“, und außenpolitischen Zielen: „Denn die Augen der Welt blicken nun in den Weltraum, auf den Mond und auf die Planeten dahinter, und wir haben geschworen, dass wir nicht dabei zusehen wollen, wie er von einer feindlichen Flagge der Eroberung beherrscht wird, sondern von einem Banner der Freiheit und des Friedens“, sowie

[3]John F. Kennedy, Rede im Rice Stadion vom 12. September 1962 (https://er.jsc.nasa.gov/seh/ricetalk.htm).

hegemonialen Ansprüchen: „Die Schwüre dieser Nation lassen sich jedoch nur erfüllen, wenn wir, die Menschen dieser Nation, die Ersten sind, und darum beabsichtigen wir auch, die Ersten zu sein!" Zum Schluss spricht Kennedy noch den industriellen Wettbewerb an und weist darauf hin, dass all die genannten Aspekte eng miteinander verknüpft sind: „Kurz: unsere Führungsposition in Wissenschaft und Industrie, unsere Hoffnungen auf Frieden und Sicherheit, unser Verpflichtung uns selbst sowie auch anderen gegenüber – all dies verlangt von uns, diese Anstrengung auf uns zu nehmen, diese Mysterien zu enträtseln, sie zum Wohle aller Menschen zu lösen und zur führenden raumfahrenden Nation zu werden."

Diese strategische Mischung aus Politik, Militär, Industrie und Wissenschaft war mit den ersten Schritten eines Menschen – eines Amerikaners – auf dem Mond jedoch nicht zu Ende. Das chinesische Raumfahrtprogramm, das seit Anfang der 2000er Jahre bedeutende technologische und wissenschaftliche Ausmaße angenommen hat, ist ein weiteres Beispiel hierfür. Genau wie zuvor bei den Amerikanern und den Russen spielen Politik und Industrie bei diesem Programm eine zumindest ebenso große, wenn nicht sogar größere Rolle als die Wissenschaft.

Die großen europäischen Astronomie- oder Weltraumprogramme werden weit weniger als Demonstrationen der Macht instrumentalisiert als ähnliche Projekte anderswo auf der Welt. Dieses relativ bescheidene Auftreten steht im Kontrast zu den dahinterstehenden technischen und wissenschaftlichen Zielen. Mit den großen Teleskopen des ESO nimmt Europa beispielsweise die weltweite

Führungsposition in der astronomischen Forschung ein. Aber Europa ist keine nationale Macht, es verfolgt keine Hegemonieansprüche und pflegt keinen „Nationalkult“. Der bleibt den einzelnen Staaten vorbehalten. Es sind die einzelnen Länder, die sich gegenseitig übertrumpfen wollen, nicht die nationenübergreifenden Institutionen. Ihnen wollen die Nationen nicht die Möglichkeit überlassen, an ihrer Stelle den Ruhm davonzutragen. Die Spannungen zwischen den nationalen und den kontinentalen Anstrengungen sowie das Fehlen europäischer geostrategischer Argumente sind zu einem großen Teil dafür verantwortlich, dass das europäische Weltraumprogramm auf dem weltweiten Schachbrett nur eine bescheidene Position einnimmt. Europa geht es nicht um die Steigerung seines nationalen Prestiges, und es verfügt auch nicht über ein militärisches Weltraumprogramm, und deshalb ist es dazu verdammt, als Weltraummacht zweitrangig und in vielen Bereichen seines Lebensstandards von den Großmächten abhängig zu bleiben. Und das, obwohl Europa über ein eigenes Wissenschaftsprogramm und kompetente Experten verfügt, die denen anderer Gemeinschaften in nichts nachstehen, und obwohl es die führende Wirtschaftsmacht in der Welt ist.

Die europäische Astronomie genießt ein besseres Image als die europäischen Weltraumprogramme, denn seit 1960 hat sie sich mit dem ESO ständig weiterentwickelt. Infolge des Zweiten Weltkrieges waren ihre Anfänge zunächst recht bescheiden, doch inzwischen betreibt sie auf dem Cerro Paranal in Chile vier Teleskope von acht Metern Durchmesser, die mit den besten Instrumenten ausgestattet sind. Diese Entwicklung ging nicht ohne Spannungen zwischen den Mitgliedstaaten vonstatten, doch die Tatsache, dass die Astronomie in Europas Geostrategie nur eine relativ unbedeutende Rolle spielt, hat sich bestimmt positiv ausgewirkt und verhindert, dass die Astronomie zur Geisel nationaler Interessen wurde, was ihre Arbeit mit Sicherheit beeinträchtigt hätte.

Nimmt man die Geostrategie aus dem Beziehungsgeflecht heraus, in dem Wissenschaft und Gesellschaft miteinander verbunden sind, so bleibt immer noch die Beziehung zwischen Wissenschaft und Industrie oder Wissenschaft und Innovation. Dieses Verhältnis erschöpft sich nicht in dem Technologie- und Wissenstransfer, der durch die Forderungen von Forschern nach immer neueren und immer genaueren Messungen ausgelöst wurde. Dazu gehören auch die Lehre der Wissenschaftler an den Universitäten und Hochschulen, die Arbeit von Wissenschaftlern, die nach jahrelanger Forschungstätigkeit an den Universitäten in die Industrie überwechseln und ihr Wissen dort einbringen, sowie die Bemühungen der Wissenschaftler, ihr Wissen der Gesellschaft zur Verfügung zu stellen. Der Dienst, den die Wissenschaft der Gesellschaft leistet, lässt sich schwer in ökonomischen Kategorien beziffern. Die Ergebnisse einer Studie[4] scheinen jedoch darauf hinzuweisen, dass dieser Beitrag weit über den Transfer von Technologien im engeren Sinne hinausgeht.

Die Astronomie ist eine fantastische Wissenschaft, und sie hat die Gesellschaften in vielerlei Hinsicht beeinflusst. Nicht zuletzt deshalb, weil der nächtliche Sternenhimmel viele von uns fasziniert. Sie ist aber trotzdem nur eine von vielen Wissenschaften, die alle ihren Beitrag zu Kultur, Wissen, Technologie und den geostrategischen Interessen der Gesellschaft leisten, jede auf ihre Weise und mit ihrer eigenen Geschichte. Und jede hat auch ihre in der Öffentlichkeit mehr oder weniger bekannten Fürsprecher. Mit der Theorie von der Evolution der Arten, auch der der Spezies Mensch, hat beispielsweise die Biologie einen ganz wesentlichen Beitrag zur Kultur der Menschheit geleistet. Mit der Biotechnologie verändert und verlängert sie unser Leben, und sie spielt auch für das Militär und in der Geopolitik eine wichtige Rolle. Die Physik steht ihr in nichts nach, hat sie doch den Beweis erbracht, dass weder Raum noch Zeit absolut sind, oder aber die Rätsel der Quantenmechanik entschlüsselt. Ohne Physik wären auch all die elektronischen Dinge unseres Alltags undenkbar, etwa die Geräte zur Telekommunikation, die wir ständig benutzen. Auch für die militärische Entwicklung bleibt die Physik weiterhin wichtig. In die Reihe der gesellschaftlich relevanten Wissenschaften gehören bekanntlich auch die Chemie und die Geologie. Mit ihren Entdeckungen hat die Chemie unsere Sicht von der Zusammensetzung der Materie (Periodensystem der Elemente) und der Erde verändert, und durch die ganz praktische Anwendung der Geologie konnte bestimmt werden, wem die natürlichen Ressourcen auf dem Boden der Weltmeere „gehören". Damit hat sie einen Beitrag zum politischen Dialog geleistet. Unser Verständnis von der Welt einerseits und unser Umgang mit ihr sowie die Gestaltung unserer

[4]Cornelis A. van Bochove, Basic Research and Prosperity: Sampling and Selection of Technological Possibilities and of Scientific Hypotheses as an Alternative Engine of Endogenous Growth, CWTS-wp-2012-003 (http://hdl.handle.net/1887/18636).

urbanen Umwelt andererseits unterliegen aber auch dem Einfluss der weniger quantifizierbaren Human- und Sozialwissenschaften – und sei es nur durch die Werbung.

Jede einzelne dieser Wissenschaften hätten wir auf diese oder ähnliche Weise analysieren können, und bei jeder hätten wir zahlreiche Aspekte gefunden, die zeigen, dass sie mit der Gesellschaft, in der sie betrieben wird, in einem regen Austausch steht. In allen Bereichen hätten wir gesehen, dass die Wissenschaft einen grundlegenden Beitrag zum Wissen leistet, dass sie mit ihren verschiedenen Anwendungsmöglichkeiten unser Leben und auch politische Überlegungen verändert. Der Wissenschaft kommt in unseren Gesellschaften ein ganz entscheidender Stellenwert zu; Wissenschaftler tragen eine große Verantwortung, denn sie entscheiden mit, in welche Richtung die Entwicklung unserer Umwelt und die der zwischenmenschlichen Beziehungen gehen soll.

4

Wissenschaft: Vergnügen und Kultur

4.1 Wissenschaft und Harmonie

Das Berufsleben der Astronomen war zwar jahrhundertelang davon geprägt, dass sie immer wieder routinemäßige Beobachtungen durchführten, um Raum und Zeit zu messen, doch immerhin übten sie diese Tätigkeit unter dem nächtlichen Himmel aus. Trotz der Kälte, der Müdigkeit, der Probleme mit den Teleskopen und sonstigen Instrumenten und trotz der Schwierigkeiten, die Nachtarbeit mit sich bringt, kann sich wohl niemand der faszinierenden Ruhe und Einsamkeit einer am Teleskop verbrachten Nacht entziehen. Erst seit relativ kurzer Zeit bedienen die Astronomen ihre Geräte von einem hellen und warmen Kontrollraum aus. Obwohl in einem in großer Höhe gelegenen Observatorium nachts oft eine

T.J.-L. Courvoisier, *Keine Gesellschaft ohne Wissenschaft!*,
DOI 10.1007/978-3-662-55556-9_4

beißende Kälte herrscht, richten sich der Blick und die Gedanken doch mit Leichtigkeit gen Himmel. Das, was der Beobachter dort oben sieht und versteht, löst unzählige Fragen in ihm aus, und er beginnt, über sich und die Welt nachzudenken und sogar zu philosophieren. Aus den Fragen, die das Schauspiel einer sternenklaren Nacht in ihm weckt, kann manchmal vielleicht ein Funken neuer Erkenntnis erwachsen, und daraus wird ein weiterer Baustein zu unserer Kultur.

Das, was die jahrhundertelange Arbeit der Astronomen kennzeichnet, gilt auch für jede andere wissenschaftliche Tätigkeit. In allen Bereichen erfordert die alltägliche Arbeit des Wissenschaftlers Präzision und Aufmerksamkeit für Details, Berichte müssen geschrieben, Computerprogramme korrigiert und Instrumente aufgestellt und repariert werden. Er muss Proben herstellen, Grundsatzfragen erörtern und immer wieder Messungen vornehmen und dergleichen mehr. Gewiss, das ist Routine, Fortschritte stellen sich nur langsam ein, manchmal gibt es Rückschläge. Das Unverständnis der Geldgeber und der Behörden führt in der Wissenschaft wie in anderen Bereichen zu Frustration und Problemen. Dennoch sind alle Bemühungen der Forscher unablässig von der Suche nach Harmonie und einer Ästhetik der Theorie bestimmt, und das verleiht ihrer Arbeit Sinn. Obwohl sie im Alltag mit zahlreichen Zwängen konfrontiert sind, bereitet ihnen ihre Tätigkeit so viel Freude, dass sie weitermachen.

Was sind die Gründe, die junge und weniger junge Menschen dazu bewegen, Wissenschaftler zu werden? Es sind die Neugier, das Verlangen, Dinge zu wissen und zu verstehen, die Befriedigung, die aus der Schöpfung neuer

Materialien in der Chemie oder auch dem Erstellen neuer Algorithmen und Programme in der Informatik erwächst, es sind die Freude am Entdecken und der Wunsch, dazu beizutragen, unsere Kultur voranzubringen. Unter meinen Kollegen gibt es wohl keinen einzigen, der sein wissenschaftliches Studium beendet hätte, ohne mehr oder weniger stark von dieser inneren Kraft angetrieben worden zu sein. Die Überlegung, dass die Forschung auch einen wirtschaftlichen Aspekt haben oder sich auf andere Weise auszahlen könnte, spielt für die wissenschaftliche Motivation erst sehr viel später eine Rolle, oder auch nie.

4.2 Wissenschaft und Vergnügen

Jedes wissenschaftliche Studium gleich welcher Fachrichtung bereitet in erster Linie Vergnügen, es ist die Freude, die Welt in einigen ihrer wunderbarsten Erscheinungsformen zu entdecken. Es ist die Faszination, einen Teil der Realität zu erforschen, sei es nun die Struktur der Materie, die Entwicklung des Universums, den Aufbau von Molekülen oder die Prozesse des Lebens. Auch die Herstellung konkreter oder virtueller Artefakte kann im Studium Freude bereiten. Die Studienzeit ist eine privilegierte Zeit im Leben. Der Student wird mit dem bereits vorhandenen Wissen konfrontiert, und dieses Wissen wird dem Neuling so zusammenhängend vermittelt, dass sich vor seinen Augen das Bekannte allmählich zu einem festen Gebäude zusammenfügt. Erst viel später werden die Zwänge des Berufslebens der Forschung manchmal etwas von ihrem Glanz nehmen.

Zum Studium und zur Praxis der Wissenschaften gehört auch die Freude am Verstehen, das Aha-Erlebnis, dieser flüchtige Augenblick, in dem sich die Einzelteile eines Problems zusammenfügen und die Lösung plötzlich auf der Hand liegt. In genau diesem Augenblick versteht der Student, der Forscher oder der Ingenieur, wie die scheinbar unzusammenhängenden Teile eines Puzzles zusammengehören und ein wenig von der Harmonie der Natur offenbaren.

Doch vor den Erfolg haben die Götter den Schweiß gesetzt. Dem, der sich den sogenannten harten Wissenschaften verschreibt, wird eine gewisse Askese und intellektuelle Disziplin abverlangt. Das ist das genaue Gegenteil dessen, was uns die moderne Konsumgesellschaft suggeriert, in der uns die Werbung ständig ein Bild von Leichtigkeit und rascher Befriedigung vorgaukelt. Doch wie in anderen Lebensbereichen auch, machen gewisse Herausforderungen zweifellos einen Teil des Vergnügens aus. Es ist etwas Anderes, ob wir mit einem Hubschrauber auf dem Gipfel eines Berges landen, oder den Berg aus eigener Kraft besteigen. Wer an Deck seines Bootes stehend nach einer langen Seereise ferne Ufer erreicht, erlebt die Ankunft ganz anders als jemand, der die gleiche Strecke bequem im Flugzeug zurückgelegt hat. Eine Wissenschaft zu erlernen, bedeutet, sich gemeinsam mit seinen Kommilitonen langsam einen hohen Wissensstand anzueignen.

Wer ein wissenschaftliches Studium abgeschlossen hat, hat die Grenzen des bekannten Wissens erreicht. Nun bringt ihm kein Buch, kein Artikel mehr etwas Neues. Die vor ihm aufgeschlagene Seite ist weiß, sie ist verzweifelt leer. Ein neues Kapitel will geschrieben werden, das ist die Herausforderung an jeden Wissenschaftler. Und am Anfang dazu steht immer eine Idee.

4.3 Von der Idee zum Wissen

Meistens passiert es beim Spazierengehen, im Schlaf, im Gespräch oder bei der Verrichtung einer ganz banalen Alltagstätigkeit – uns kommt eine Idee. Das geschieht ganz ohne Absicht und völlig unerwartet. Plötzlich ist sie da, und wir fragen uns: „Warum bin ich nicht schon früher darauf gekommen?" Das Auftauchen einer Idee folgt keinen rationalen Regeln und hat absolut nichts damit zu tun, was wir gerade machen oder woran wir denken.

Die meisten Astrophysiker sind der Ansicht, die einzig denkbare Form, mit der sich die Eigenschaften von Quasaren erklären lassen, sei die einer Scheibe. Nun könnte man sich aber beispielsweise fragen, ob es nicht möglich ist, dass die von uns beobachteten Emissionen durch einen Zusammenprall von Materiewolken verursacht werden. Diese Idee entsteht aus dem Kenntnisschatz, den wir mehr oder weniger bewusst mit uns herumtragen, und eines Tages tritt sie ganz ohne unsere Absicht plötzlich an die Oberfläche. Das kann der Anfang eines Prozesses sein, der uns möglicherweise zu einer neuen Erkenntnis führt.

Ist die Idee erst einmal formuliert, muss sie durch erneute Beobachtungen entweder bestätigt oder verworfen werden. Eine Idee, die sich durch Messungen oder Beobachtungen nicht stützen lässt, kann sofort wieder aufgegeben werden, denn sie führt weder zu Ergebnissen noch zu einer neuen Erkenntnis. Sie ist realitätsfern. In den meisten wissenschaftlichen Disziplinen entwirft der Forscher zur Überprüfung seiner Idee einen speziellen Versuch und führt diesen durch. In der Astronomie ist es dem Wissenschaftler nicht möglich, einen Kausalzusammenhang zu beweisen, indem er Experimente konzipiert, deren Parameter er kontrollieren kann. Er kann lediglich die Phänomene der Natur beobachten und versuchen, die Botschaft zu entschlüsseln, die er aus seinen Beobachtungen herausliest. Kommen wir noch einmal auf unser Beispiel zurück. In diesem Fall könnte man mit einer Reihe von Messungen an einem Quasar ermitteln, wie sich die Lichtintensität mit der Zeit entwickelt, und die Ergebnisse dann mit den Vorhersagen vergleichen, die sich aus unserer Idee ergaben.

Für die Durchführung eines Experiments oder die genaue Planung einer astronomischen Beobachtungsreihe sind Geräte erforderlich. Diese können sehr einfach sein, sind aber meistens so komplex, dass sie die Grenzen des technisch Machbaren erreichen. Um entsprechende Instrumente zu bekommen, in unserem Beispiel ein Teleskop, oder aber um die Geräte zu entwickeln und herzustellen, mit denen es möglich ist, Antworten auf die neuen Fragestellungen zu finden, muss man zunächst die fachkundigen Mitarbeiter, Techniker und Ingenieure für das Vorhaben gewinnen, Gelder auftreiben und seine Fachkollegen davon überzeugen, dass das Projekt sinnvoll ist. Mit solchen mehr administrativen Aufgaben verbringt der Wissenschaftler den größten Teil seiner Zeit, und das macht die Arbeit gelegentlich ermüdend, denn sie hat dann nicht mehr viel mit den Freuden des Wissens zu tun.

Nach Abschluss der Messungen müssen sie interpretiert und mit der Ausgangsidee verglichen werden. Das ist aber noch nicht alles. Unsere Idee, von der wir einmal annehmen, dass sie durch unsere Messungen oder Beobachtungen bestätigt wurde, muss in den Zusammenhang aller anderen, auf diesem Gebiet bereits bekannten Fakten eingeordnet werden. Ist unsere Idee, um bei diesem Beispiel zu bleiben, mit unserem Wissen über Quasare vereinbar? Rührt also die Strahlungsenergie daher, dass Materie in ein schwarzes Loch fällt? Erst wenn unsere Hypothese in diesen großen Zusammenhang eingeordnet wurde, kann sie ihren Platz im Fundus des bereits vorhandenen Wissens einnehmen. Zu diesem Prozess gehört auch, dass wir die Idee und die Messungen mit dem Wissen und der Erfahrung von engen oder weniger engen Kollegen konfrontieren. Das kann häufig ein sehr intensiver Austausch sein, und der Erfolg oder das Scheitern hängen unter anderem davon ab, wie viel Mühe wir auf die überzeugende Darstellung unseres Standpunktes verwandt haben. Aber diese Konfrontation ist unbedingt notwendig, damit aus einer einzelnen Idee ein neuer Baustein des universalen Wissens werden kann.

Wissenschaftliche Theorien entstehen im Rahmen des Denkens ihrer Zeit, und neue Erkenntnisse haben es schwer, diesen Rahmen zu erschüttern. Ein schlagendes Beispiel für diese Schwierigkeit ist die Tatsache, dass Einstein seine Gleichungen zur allgemeinen Relativität durch die sogenannte kosmologische Konstante ergänzte. Damit wollte er die zu seiner Zeit noch fest im Denken verankerte Vorstellung von der Unveränderlichkeit des Universums mit seiner Theorie in Einklang bringen. Doch die

Geschichte der kosmologischen Konstante war mit der Entdeckung der Expansion des Universums noch längst nicht zu Ende, sondern wurde in den 1990er Jahren erneut aktuell. Die zu dem Zeitpunkt gemachten Beobachtungen zeigten, dass sich die Expansion des Universums beschleunigt, doch die allgemeine Relativitätstheorie ohne die kosmologische Konstante besagt, dass sich die Expansion verlangsamen muss. Der von Einstein hinzugefügte Term, den wir auch als eine Art von Materie, die sogenannte dunkle Energie, auffassen können, stellt für unser Verständnis noch heute eine Herausforderung dar. So hat also die Scheu, den Gedanken zuzulassen, dass eine neue Theorie eine in der Gesellschaft fest verankerte Vorstellung erschüttern könnte, zu einer Bereicherung der Theorie geführt, deren Bedeutung erst sehr viel später offenbar wurde. Die Entwicklung der wissenschaftlichen Erkenntnisse vollzieht sich also nicht geradliniger als die aller anderen Tätigkeiten des Menschen.

Sehr häufig verlaufen die Dinge nicht so einfach, wie wir sie hier beschrieben haben. Manchmal legen die Beobachtungen oder Versuche nahe, die Ausgangsidee zu modifizieren. Sie können aber auch zu völlig unerwarteten Ergebnissen führen, dann spricht man von Entdeckungen. Die Konfrontation mit dem bereits vorhandenen Wissen oder der Arbeit von Kollegen kann zur Folge haben, dass die Messungen in einen komplett anderen Zusammenhang gestellt werden als den, von dem man ursprünglich ausgegangen war. Vor allem aber sind die einzelnen Phasen miteinander verknüpft, aus Messungen entstehen neue Ideen und immer so fort.

Die zahlreichen Messungen, der Austausch mit anderen, deren Kritik, die Konfrontation mit Kollegen und das Bestreben, einen neuen Gedanken mit bereits bestehenden Theorien zu verknüpfen oder aber in ganz andere Zusammenhänge vorzustoßen, all das sind Faktoren, die eine Idee, eine Intuition oder Überzeugung von exaktem Wissen unterscheiden. Man liest und hört viele Behauptungen, die weder durch Messungen belegt noch mit dem vorhandenen Wissen vereinbar sind, aber dennoch als Wahrheiten präsentiert werden, ohne dass sie jemals von Wissenschaftlern kritisch überprüft wurden. Solchen Behauptungen müssen wir immer wieder entgegentreten und diejenigen, die sie in die Welt setzen oder verbreiten, wieder an ihre wissenschaftlichen Prinzipien erinnern und sie zurück an ihre Reagenzgläser oder Teleskope schicken. Es ist leicht, selbstbewusst von etwas überzeugt zu sein und Behauptungen aufzustellen, doch viel schwieriger ist es, die Idee und den Prozess zu beschreiben, der dazu führt, dass diese Idee in den allgemeinen Wissensfundus aufgenommen werden kann.

4.4 Wissenschaft lässt sich vermitteln

Das Bemühen um rationale Argumente macht es möglich, sich über wissenschaftliche Ideen auszutauschen. Das ist der große Unterschied zwischen Aussagen vom Typ „ich weiß" und solchen vom Typ „ich glaube". Wissen lässt sich argumentativ herleiten, denn der Mensch hat sein ganzes Wissen über den Weg der Rationalität erlangt.

Über Glaubensfragen dagegen lässt sich nicht streiten; jeder glaubt oder glaubt nicht.

Hat man erst einmal ein Stück Wissen erlangt, so wird es zur Grundlage für den Erwerb weiterer Kenntnisse. Aus diesem ersten Ansatz entsteht eine neue Idee, eine neue Überlegung, die aber stets wieder infrage gestellt werden kann. Erst ganz allmählich nimmt das kollektive Wissensgebäude Gestalt an, kann aber nie sicher sein, nicht wieder von Grund auf hinterfragt zu werden. So geschehen etwa bei der klassischen Mechanik, als Anfang des 20. Jahrhunderts die Relativitätstheorie und die Quantenmechanik entwickelt wurden.

Der Zugang zur Wissenschaft ist jedem möglich, zumindest im Prinzip. Jeder kann das Ergebnis der Arbeit verstehen und wertschätzen, die Generationen von Wissenschaftlern auf einem bestimmten Gebiet geleistet haben, und das ganz unabhängig davon, wie er sich dem Thema annähert, aus welchem kulturellen Umfeld er stammt und welche Vorkenntnisse er mitbringt. Seit über zweihundert Jahren bemüht man sich, die verschiedenen Naturkräfte miteinander zu vereinen: Michael Faraday hat, genau wie etliche andere auch, im 19. Jahrhundert Experimente durchgeführt, um die Phänomene der Elektrizität und des Magnetismus zu verstehen, und er hat die Gesetze dazu formuliert. Später, noch im selben Jahrhundert, hat James Clerk Maxwell diese Ergebnisse in vier Gleichungen zusammengefasst. Die Maxwell-Gleichungen verbinden auf eine selten elegante Weise die Theorie von der Elektrizität mit der des Magnetismus. Dieses Vorgehen setzte sich im folgenden Jahrhundert erfolgreich fort, als es gelang, den Elektromagnetismus mit einer der Kernkräfte, der schwachen Wechselwirkung, zusammenzufassen. Und die Forschungen gehen weiter, denn das Ziel besteht darin, die Kräfte der Natur unter dem Dach einer einzigen Theorie zu vereinigen. Die Verfolgung dieses oder eines anderen Wegs in jedem beliebigen Zweig der Wissenschaft erfordert unter Umständen eine enorme Arbeit, doch die Hindernisse sind überwindbar, wenn man nur genügend Zeit und Kraft aufwendet, um alle Phänomene zu verstehen. Diese Einschätzung beruht auf der Rationalität der Wissenschaft, und die wiederum stützt sich auf die Prämissen der Logik. Deren Axiome sind einfach und zumindest intuitiv jedem von uns bekannt.

4.5 Die klassische Ästhetik der Wissenschaft

Die Stärken der Wissenschaft bestehen zweifellos darin, dass sie für alle zugänglich ist und jederzeit hinterfragt werden kann. Der Preis dafür ist, dass die Strukturen des Wissenschaftsgebäudes einfach sein müssen. Von allen Ideen und Konzepten überdauern nur diejenigen, die einer Analyse standgehalten haben. Die Schönheit des Gebäudes, das aus dieser gemeinschaftlichen Anstrengung entsteht, entspricht deshalb mehr der Einfachheit der Klassik als den Schnörkeln des Barocks. Wenn es noch Stellen gibt, die nicht zu dem Gebäude zu passen oder überflüssig zu sein scheinen, so ist das oft ein Zeichen dafür, dass zu den bereits bestehenden Elementen noch neue hinzukommen müssen, damit ein einheitliches Ganzes entsteht.

Zu Beginn des 21. Jahrhunderts besteht eine der Hauptschwierigkeiten in der Teilchenphysik paradoxerweise darin, dass die Theorie vollkommen zu sein scheint und dass sie die Resultate der mit den Teilchenbeschleunigern durchgeführten Versuche, etwa am CERN, gut erklärt. Die Materie, die wir kennen, also Elektronen, Protonen und andere Elementarteilchen, wird durch diese Physik perfekt beschrieben. Astrophysikalische Beobachtungen haben jedoch ergeben, dass diese Beschreibung auf 95 % der Materie im Universum nicht zutrifft. Die bestehende Theorie bietet nur wenige Ansatzpunkte für ein Modell, das auch die exotischen Formen von Materie mit einschließt, die von der Astronomie entdeckt wurden, und die wir in unseren Laboratorien noch nicht identifizieren konnten.

Unser Wissensgebäude zeichnet sich eher durch klassische Schlichtheit aus als durch barocke Verzierungen. Aber auch der Klassizismus besitzt seine Harmonie und Ästhetik. Charakteristisch für eine Theorie, die einen Teil der Realität beschreibt, ist ihre Eleganz. Manche gehen sogar so weit zu sagen, jede „richtige" Theorie sei elegant. Eleganz, Ästhetik und Harmonie sind zutiefst menschliche, obgleich nicht rational begründbare Werte. Die Welt, die unsere Wissenschaft beschreibt, existiert dagegen unabhängig von uns Menschen. Die Verbindung dieser beiden Konzepte zeigt auf eindrückliche Weise, dass auch wir Teil der physikalischen Welt sind. Das wollte wahrscheinlich auch der Verfasser des Ersten Buchs Moses ausdrücken, als er schrieb, der Mensch sei nach dem Bilde Gottes geschaffen.

4.6 Die Wissenschaft als Quelle einer gemeinsamen Kultur

Die Beobachtung der Natur, die wir hier sehr weit fassen und auch den Menschen und die Gesellschaft mit einbeziehen, und das sich daraus ergebende Wissen, kurz die Wissenschaft, sind eng mit unseren Kulturen verbunden. Philosophie ist nicht denkbar ohne die Frage, welchen Platz der Mensch in der Welt einnimmt. Und diese Frage wiederum ergibt sich aus den Beobachtungen der Astronomie, Biologie und Physik sowie der Soziologie und Psychologie und aus den jeweiligen Interpretationen.

Ein wichtiger Zweig der Philosophie beschäftigt sich mit der Frage, wie die Entdeckungen der Wissenschaft in unsere Denksysteme integriert werden können. Ein Beispiel hierfür ist die Heisenberg'sche Unschärferelation, die auch in der Diskussion über den freien Willen des Menschen eine Rolle spielt. Diese durch viele Versuche und Beobachtungen bestätigte Ungleichung besagt, dass es unmöglich ist, zum gleichen Zeitpunkt die Position eines Teilchens und seine Geschwindigkeit beliebig genau zu bestimmen. Ist bekannt, mit welcher Geschwindigkeit sich ein Teilchen bewegt, dann bleibt seine genaue Position unbestimmt, und umgekehrt. Deshalb lässt sich die Bahn der Teilchen nicht mit unendlicher Genauigkeit vorhersagen. Das ist ein universal gültiges Prinzip und gilt also auch für die Elektronen, die in den Zellen des menschlichen Gehirns das Denken bestimmen. Deshalb kann es keinen absoluten Determinismus geben, der die Funktionsweise unseres Denkorgans lenkt. Was bedeuten diese

Überlegungen für die Freiheit des Menschen? Diese Frage beschäftigt Wissenschaftler und Philosophen seit Jahrzehnten.

Welche Bedeutung die von der Wissenschaft aufgeworfenen Fragen für unsere überlieferten Denkmuster haben, lässt sich gut daran verdeutlichen, wie schwer sich unsere Gesellschaften und einige unserer Religionen damit getan haben, das kopernikanische Weltbild zu akzeptieren, in dessen Mittelpunkt nicht mehr die Erde und damit der Mensch steht, sondern die Sonne. Die von den Biologen im 19. Jahrhundert entdeckte Entwicklung der Arten reduziert den Menschen und seine Intelligenz auf ein Glied in einer noch nicht abgeschlossenen Reihe von Entwicklungen. Diese Lehre hat auch die Philosophie und die Kultur insgesamt entscheidend beeinflusst. Dass es einigen Gruppen und Denkschulen noch nicht gelungen ist, diese inzwischen evidenten Tatsachen in ihr Weltbild zu integrieren, beweist einmal mehr, wie stark das Wissen unser Selbstverständnis prägt.

Das Wissen hat Eingang in bestehende Denkmuster gefunden, und das hat zur Folge, dass sich die Religionen nicht mehr total auf sich selbst zurückziehen können, auch wenn ihre Führer das vielleicht möchten. Die Wissenschaft dringt auch in Glaubenssysteme vor, die sich als geschlossene Einheiten verstehen, und in denen ausschließlich die Vorschriften ihrer geistlichen Oberhäupter gelten. Fundamentalistische Christen können ihre streng an der Bibel orientierte Schöpfungslehre, den sogenannten Kreationismus, oder die Theorie von einem „intelligent design“ nur vertreten, wenn sie Erkenntnisse, deren Evidenz unwiderruflich bewiesen ist, aktiv leugnen. Eine Lehre, die nicht wahrhaben will, dass sich die Welt, in der wir leben, stets verändert und weiterentwickelt, man denke beispielsweise nur an die Auswirkungen des Vulkanismus, lässt sich nicht mit Unwissenheit entschuldigen, nein, sie zeugt von grober Böswilligkeit. Es ist ganz natürlich, dass Wissen zur Öffnung von überkommenen Denkmustern führt, und diese können sich dieser Öffnung nur mit erheblichen und letztendlich zum Scheitern verurteilen Anstrengungen widersetzen.

4.7 Wissen und Kunst

Kunst ist keine Wissenschaft, ihre Vorgehensweise ist eine andere. Aber auch die Kunst stützt sich genau wie das übrige Denken des Menschen auf das Wissen. Maltechniken nehmen im künstlerischen Schaffen der großen Meister eine ganz zentrale Stellung ein. Liest man die Briefe, die Vincent van Gogh an seinen Bruder geschrieben hat, so fällt auf, wie sehr er ständig damit beschäftigt war, neue Farben zu finden und sie auf neuartige Weise aufzutragen. Betrachten wir seine Bilder, denken wir in erster Linie an deren Schönheit und an das, was sie uns sagen wollen, der Künstler hingegen hat sich auf die Technik konzentriert. Auch Architektur ist ohne Physik undenkbar, und der Bildhauer muss die Eigenschaften seines Materials genau kennen, denn sonst kann er es nicht bearbeiten.

Sogar in der Literatur finden sich Verbindungen zur Wissenschaft. Shakespeare hat beispielsweise in seinen Werken häufig auf wissenschaftliche Texte zurückgegriffen.[1] Jocelyn Bell Burnell ist sogar in der Poesie

[1]W.G. Guthrie, Irish Astronomical Journal, Bd. 6, Nummer 6.

auf Beiträge der Astronomie gestoßen (private Mitteilung). Darunter unter anderem auf das folgende Sonett von François Sully Prudhomme[2], in dem der Dichter beschreibt, wie der einsame Astronom nachts auf seinem Turm auf das Erscheinen eines Sterns wartet, von dem er weiß, dass er erst in tausend Jahren erneut am Himmelszelt erscheinen wird. Und dieser Stern wird wiederkommen, den ewigen Gesetzen der Wissenschaft kann er sich nicht entziehen. Und wenn die Menschheit nach tausend Jahren noch bestehen sollte, wird ein anderer Astronom auf ihn warten. Wenn nicht, so wacht an seiner Stelle allein die Wahrheit auf dem Turm.

Le rendez-vous

Il est tard; l'astronome aux veilles obstinées,
Sur sa tour, dans le ciel où meurt le dernier bruit,
Cherche des îles d'or, et, le front dans la nuit,
Regarde à l'infini blanchir des matinées;

Les mondes fuient pareils à des graines vannées;
L'épais fourmillement des nébuleuses luit;
Mais, attentif à l'astre échevelé qu'il suit,
Il le somme, et lui dit: "Reviens dans mille années."

Et l'astre reviendra. D'un pas ni d'un instant
Il ne saura frauder la science éternelle;
Des hommes passeront, l'humanité l'attend;

---

[2]René-François Sully Prudhomme, Les épreuves, 1866.

D'un œil changeant, mais sûr, elle fait sentinelle;
Et, fût-elle abolie au temps de son retour,
Seule, la Vérité veillerait sur la tour.

Oder die folgenden Verse der amerikanischen Dichterin Maura Stanton:

Computer map of the universe

We're made of stars. The scientific team
Flashes a blue and green computer chart
Of the Universe across my TV screen
To prove its theory with a work of art:
Temperature shifts translated into waves
Of color, numbers hidden in smooth lines.
"At least we have a map of ancient Time"
One scientist says, lost in a rapt gaze.
I look at the bright model they've designed,
The Big Bang's fury frozen into laws,
Pleased to see it resembles a sonnet,
A little frame of images and rhyme
That tries to glitter brighter than its flaws
And trick the truth into its starry net.

Diese Gedichte beweisen jedes auf seine Weise, dass es sich um echte Beiträge der Wissenschaft zur Literatur handelt, und nicht nur um eine in Versform gebrachte Form von „public understanding of science" oder Populärwissenschaft.

Ein Roman, ein Theaterstück oder ein Film spielt immer in einem bestimmten Rahmen, und den bildet meistens die Natur, so wie sie der Autor kennt oder wie er sie sich zurechtbiegt, je nach der Geschichte, die er erzählen will. Auch wenn die Handlung rein fiktiv ist, so wird sie trotzdem durch eine entsprechend verfremdete Natur bestimmt. Der Sinn eines Werks, ob Roman, Text, Theaterstück oder Film, erschließt sich jenseits dieses Rahmens durch die psychologische, oft durch Bilder unterstützte Studie einer Situation. Der Autor stellt seine Hauptperson oder seine Figuren häufig in eine außergewöhnliche Situation und malt sich aus, wie sich die Lage entwickeln wird. Dadurch kommt seine Arbeit fast dem gleich, was Einstein ein Gedankenexperiment nannte, ein Experiment, das sich aus technologischen Gründen nicht unter Laborbedingungen durchführen lässt, dessen Verlauf aber aufgrund der physikalischen Gesetze genau vorhersagbar ist. Nichts anderes hat Gustave Flaubert in seinem Roman „Madame Bovary" getan. Er erzählt die Geschichte von Emma Bovary, und seine Kenntnis der menschlichen Natur lässt ihn genau wissen, wie seine Protagonistin und ihre Umwelt jeweils reagieren werden. So erspart er dem Leser, das Unglück von Emma und ihrem Ehemann selbst erleben zu müssen, bereichert ihn aber dadurch, dass er schildert, wie sich Menschen in solchen Situationen verhalten.

Musik ist die Harmonie von Tönen und Zahlen. In seinem Buch „Gödel, Escher, Bach, an Eternal Golden Braid" zeigt Douglas Hofstadter[3] die Verbindung von Musik, Architektur, Grafik und Mathematik in all ihren

[3]Basic Books, 1979. auf Deutsch erschienen in der Übersetzung von Philipp Wolff-Windegg und Herman Feuersee unter dem Titel: Gödel, Escher, Bach: ein endloses geflochtenes Band, 18. Aufl., Stuttgart 2008.

Feinheiten auf. In diesem Buch konstruiert der Autor seinerseits ein Band zwischen diesen drei Koryphäen ihres Fachs und macht deutlich, wie die Elemente ihrer jeweiligen Kunst miteinander verwoben sind. Dieses Werk illustriert auf großartige Weise, wie unser Denken durch Mathematik, Musik und Grafik bestimmt wird.

Unsere gesamte Zivilisation beruht auf dem, was wir im Laufe von Jahrtausenden von der Natur gelernt haben. Das, was wir über die Erde, das Universum, die Biologie und das Wesen des Menschen wissen, kurz, unsere wissenschaftlichen Kenntnisse, haben unsere Philosophie, unsere Sicht auf die Welt und unsere Kunst stark geprägt. Die dadurch entstandene Gesellschaft bildet wiederum den Rahmen, in dem der Forscher seine intellektuelle Arbeit betreibt. Und im Zentrum dieser Arbeit steht für die meisten Wissenschaftler die Suche nach einer tiefen Harmonie in der Welt.

5 Wissenschaft, Umwelt und Verantwortung

5.1 Der Einfluss der Grundlagenwissenschaften auf die Gesellschaft

Von allen Wissenschaften ist wahrscheinlich die Astronomie am weitesten von den praktischen Sorgen unserer Gesellschaft entfernt. Das ist jedenfalls eine weit verbreitete Vorstellung. Doch wir haben beschrieben, wie viele Verbindungen zwischen diesem Wissen und unserem alltäglichen Leben bestehen. Der Astronomie verdanken wir nicht nur die Messung der Zeit, sie ist auch eine wesentliche Komponente der Weltraumwissenschaft, sie beeinflusst die Geopolitik, die Entwicklung neuer Technologien und das industrielle Know-how.

T.J.-L. Courvoisier, *Keine Gesellschaft ohne Wissenschaft!*,
DOI 10.1007/978-3-662-55556-9_5

Die gleiche Überlegung kann man im Zusammenhang mit der Teilchenphysik anstellen. Diese Disziplin erforscht die Zusammensetzung der Materie und die Kräfte, die zwischen den Elementarteilchen wirken. Das alles spielt sich in Dimensionen ab, die so klein sind, dass wir sie mit unseren Sinnesorganen überhaupt nicht mehr wahrnehmen können. Obwohl diese Studien unendlich weit von unseren unmittelbaren wirtschaftlichen und gesellschaftlichen Interessen entfernt zu sein scheinen, waren es doch Physiker, die sich zum Beispiel am CERN mit diesem Gebiet beschäftigen, die den Anstoß für die Entwicklung des Internets gegeben haben, jenes Archetyps einer Technologie, die unser aller Leben auf der Welt verändert.

Diese beiden Wissenschaften untersuchen Prozesse, die sich in den größten und den kleinsten Dimensionen unseres Universums abspielen. Sie führen uns an die physikalischen Grenzen des Kosmos. Entfernungen, die über die Größe des beobachtbaren Universums hinausgehen, entziehen sich unserer Kenntnis und haben keine physikalische Bedeutung. Das Gleiche gilt auch für Dimensionen, die so klein sind, dass die ungewissen quantenmechanischen Verhältnisse der Erforschung Grenzen setzen. Doch sogar diese Forschungen in Extrembereichen haben zu Entwicklungen geführt, die unsere Gesellschaft entscheidend geprägt haben. Und damit meine ich nicht nur ihren rein intellektuellen Einfluss auf unsere Philosophie, nein, sie haben auch ganz konkrete und praktische Beiträge geleistet.

In etlichen anderen Bereichen zeigen sich allerdings die Verbindung zwischen Wissenschaft und Gesellschaft sowie ihr Einfluss auf unser Leben viel direkter.

Im 17. Jahrhundert hatte man beispielsweise festgestellt, dass sich beim Abschuss einer Kanonenkugel das Kanonenrohr erhitzt. Das war der Anfang der Thermodynamik, des Bereichs der Physik, der sich mit der Wärme und ihrem Verhältnis zu anderen Energieformen beschäftigt. Im Laufe der Entwicklung gelang es, Wärmeenergie in mechanische Energie umzuwandeln, wodurch Bewegung möglich wurde. Das wiederum gab den Anstoß für die Erfindung der Dampfmaschine, die im 19. Jahrhundert in den herrlichen Dampfloks ihren Dienst tat, und führte schließlich zur Entwicklung des Verbrennungsmotors, der noch heute fast alle unsere Autos antreibt.

Zur gleichen Zeit führten die Fragen im Zusammenhang mit der Elektrizität und dem Magnetismus zur Theorie der Elektrodynamik. Ein wunderbares Beispiel dafür, wie Mathematiker auf elegante Weise ganz entscheidend zum Verständnis physikalischer Phänomene beigetragen haben. Doch die Elektrodynamik ist ihrerseits wieder Ausgangspunkt für die Entwicklung einer ganzen Reihe von Dingen, auf die wir nicht mehr verzichten möchten. So verdanken wir diesem Wissen beispielsweise unsere Telekommunikationsmittel mit und ohne Draht, ebenso die Elektromotoren, das Radar und auch einen Teil der Technologie, die in den Computer eingebaut ist, auf dem diese Zeilen gerade geschrieben werden.

Auch die Mathematik gehört zu der Kategorie von Grundlagenwissenschaften, für die es viele praktische Anwendungsmöglichkeiten gibt. Ihr Ziel ist es, axiomatische Gedankensysteme zu beschreiben, ein Anliegen, das zunächst einmal mit den Dingen des Alltags kaum etwas zu tun haben scheint. Doch wir brauchen es ganz konkret, beispielsweise bei der Berechnung unserer Versicherungsprämien.

Diese als abstrakt geltenden Wissenschaften haben also mit der Entwicklung unserer Gesellschaft und ihren Herausforderungen sehr viel mehr zu tun als wir glauben.

Der Einfluss anderer Naturwissenschaften auf unser Leben ist oft leichter zu erkennen. Die Chemie, die Biologie und die Medizin, aber auch die Physik von den Festkörpern und anderen Aggregatzuständen haben unsere Lebensweise entscheidend mitgeprägt. Handfeste Beweise dafür sind die Materialien, von denen wir umgeben sind, die elektronischen Geräte, die wir verwenden oder die Medikamente, die wir einnehmen. In allen Naturwissenschaften gibt es neben den grundsätzlichen Aspekten auch ganz praktische.

5.2 Wissenschaft und Innovation

Für die Innovation, d. h. die mehr oder weniger unmittelbaren Anwendungsmöglichkeiten des Wissens, spielt die theoretische Wissenschaft eine eminent wichtige Rolle. Die direkte Umsetzung von Kenntnissen in die Praxis erfordert nämlich ein sehr umfassendes Wissen. Die Materialwissenschaften, von denen wir in den vergangenen Jahrzehnten so sehr profitiert haben, und von denen noch viele technologische Neuerungen erwartet werden, sind ohne ein genaues Verständnis der Quantenmechanik nicht denkbar und lassen sich ohne eine gründliche theoretische Basis auch nicht vermitteln. Die Tragflügel an Schiffen, um ein Beispiel aus jüngster Zeit zu nennen, die es ermöglichen, dass sich der Rumpf des Bootes aus dem Wasser hebt, lassen sich ohne eine genaue Kenntnis der Strömungslehre nach Bernouilli und Euler nicht berechnen. Es ist auch illusorisch zu meinen, man könne Studenten ausbilden, indem man ihnen ausschließlich ein oberflächliches Wissen vermittelt, selbst wenn sie später nur in der Welt der Innovation tätig sein wollen. Es ist naiv zu denken, echte Innovationen seien ohne eine feste Verankerung im Gebäude der dahinterstehenden Wissenschaft möglich. Die Trennung zwischen angewandter und Grundlagenwissenschaft ist künstlich und wenig fruchtbar.

Es stimmt zwar, dass wir mit unserem Wissen unsere Kultur gestalten, und dass alle Zweige der Wissenschaft unser Leben beeinflussen. Man darf allerdings nicht erwarten, dass sich aus jeder wissenschaftlichen Untersuchung auch direkt eine Anwendungsmöglichkeit in der Praxis ergibt. Die Physik vom Inneren der Sterne befasst sich mit den Kernreaktionen, die bewirken, dass diese Sterne leuchten. Sie hat also etwas mit den Fragen der Kernfusion zu tun, von der sich manch einer eine wundersame Lösung für die Energieprobleme unserer Gesellschaften erhofft. Die Physik von schwarzen Löchern, in die Materie fällt, trägt dagegen in keinerlei Weise dazu bei, unsere Energieprobleme hier auf Erden zu lösen.

Es ist oft erstaunlich, aus einer späteren Warte zu betrachten, welche Elemente des Wissens eine praktische Anwendung gefunden haben. Einstein hat sein Hauptwerk, die allgemeine Relativitätstheorie, im Jahr 1915 veröffentlicht. Hinter Einsteins Forschung stand der Wunsch, die bereits von Newton beschriebene Gravitation mit der Beobachtung in Einklang zu bringen, dass die Lichtgeschwindigkeit für jeden Beobachter gleich bleibt, unabhängig davon, mit welcher Relativgeschwindigkeit er sich bewegt. Nach Newtons Mechaniklehre erfolgt die Information zwischen zwei in Wechselbeziehung zueinander stehenden Körpern zeitgleich, aber eine Information kann von einem Ort an einen anderen nicht schneller übermittelt werden als mit Lichtgeschwindigkeit. Die Lösung dieses Widerspruchs ist eine rein intellektuelle Aufgabe. Einstein gelang sie, doch die einzige Beobachtung, die sich damals damit erklären ließ und die die Newton'schen Gravitationsgesetze infrage stellte, war eine minimale Abweichung um 43 Bogensekunden pro Jahrhundert in der Umlaufbahn des Planeten Merkur. Das hatte damals wie heute keine größeren Folgen. Doch ein Jahrhundert später muss man wieder auf die Relativitätstheorie zurückgreifen, um mithilfe des GPS-Systems Positionen mit der gewünschten Genauigkeit berechnen zu können. Eine abstrakte Problemstellung, von der niemand erwartet hätte, dass sie dem Leben in der Gesellschaft jemals von Nutzen sein würde, erweist sich heute als ein wichtiges Element für die Entwicklung eines Geräts, das die meisten von uns täglich verwenden.

In diesem Beispiel schien das Wissen nicht nur weit von jeder Anwendungsmöglichkeit entfernt zu sein, sondern es lagen auch mehr als siebzig Jahre zwischen der Formulierung der allgemeinen Relativitätstheorie und ihrer praktischen Anwendung. Bei der Betrachtung des Verhältnisses von Wissenschaft und Gesellschaft darf man nicht nur an die kurzfristigen Folgen des Wissens denken, wie es die Ökonomen so gern tun, sondern muss Zeiträume berücksichtigen, die über die Lebenszeit eines Menschen hinausgehen.

5.3 Der Einfluss der Geistes- und Sozialwissenschaften auf das Alltagsleben

Den Geisteswissenschaften wird oft nachgesagt, sie bewegten sich in abgehobenen, realitätsfernen Sphären. Die Psychologen ergründen unsere Träume und unser Seelenleben. Doch auch ihr Wissen wird, manchmal sogar auf schamlose Weise, von der Werbung benutzt, der wir tagtäglich ausgesetzt sind. Wenn unsere Politiker die Gegenwart analysieren, stützen sie sich dabei auf die Geschichtswissenschaft, also auf das Studium der Vergangenheit, die wir nicht beeinflussen können. Zumindest sollten sie das tun, um aus diesem Wissen heraus Lösungen für Konflikte jeder Art zu finden. Die Literatur, um noch ein Beispiel zu nennen, führt uns anhand fiktiver Situationen bestimmte Verhaltensweisen vor Augen und trägt damit ganz konkret dazu bei, dass wir uns in unseren ganz persönlichen Beziehungen besser zurechtfinden.

In anderen Wissenschaftsbereichen sind die Aussagen weniger zuverlässig. Die verschiedenen Modelle der Volkswirtschaft lassen sich nur mit Mühe und nicht ohne Brüche aus allgemein gültigen theoretischen Grundsätzen herleiten. Die Beschreibung von Gesellschaften oder politischen Systemen hängt stark von den jeweiligen Autoren ab. Aber auch dieses Wissen, und sei es noch so vage, macht einen unentbehrlichen Teil unserer gesellschaftlichen Entwicklung aus.

5.4 Wissen und Verantwortung

All unser Wissen sorgt dafür, dass sich unser Denken und Handeln weiterentwickeln und trägt damit zur Gestaltung unserer Gesellschaften bei. Unser Wissen hilft uns, unsere natürliche und menschliche Umwelt zu beherrschen. Doch jeder, der durch sein Handeln auf seine natürliche oder menschliche Umwelt einwirkt, ist für sein Tun verantwortlich. Bei den konkreten Folgen des Einsatzes von Technologien ist diese Verantwortung leicht erkennbar, schwieriger kann es allerdings sein, sie juristisch genau zu fassen. Beim Verbrennungsmotor und beim Heizen mit fossilen Brennstoffen handelt es sich beispielsweise um Technologien, die den CO_2-Gehalt der Atmosphäre erhöhen. Wir wissen, wer diese Techniken verwendet und wer wie viel CO_2 freisetzt. Wir können die Hauptverantwortlichen für diese Emission ermitteln und wissen, welchen Anteil sie am Klimawandel haben. Die Verbindung zwischen der Ursache, also dem Verbrennen fossiler Brennstoffe, und der Wirkung, der veränderten chemischen Zusammensetzung der Atmosphäre, ist eindeutig, und damit ist die Verantwortung klar. Auch beim Verbrauch natürlicher Ressourcen lassen sich die Verantwortlichen relativ einfach ermitteln. Wir wissen, wer die Meere befischt und wer den Fisch konsumiert, und wir wissen, welche Konsequenzen diese Ausbeutung auf den Bestand der Meereslebewesen hat. Auch mit jeder Innovation geht

Verantwortung einher. Neue Entwicklungen werden durch Patente geschützt, um diejenigen, die ihr Wissen in die Entwicklung eingebracht haben, zu belohnen. Der Patentinhaber ist bekannt und profitiert von den Erträgen seiner Erfindung. Die Verantwortungskette lässt sich eindeutig verfolgen.

Die Verantwortung derjenigen, deren Wissen nicht sofort direkte Auswirkungen hat, sondern erst später, ist schwerer auszumachen. Ihre Erkenntnisse sind meistens allgemein zugänglich, weil sie in der wissenschaftlichen Literatur veröffentlicht wurden. Manchmal sind diese Erkenntnisse zum Zeitpunkt ihrer praktischen Anwendung auch bereits seit Langem bekannt, wie im Fall der allgemeinen Relativitätstheorie und des GPS-Systems. Der zeitliche Abstand zwischen dem Erwerb des Wissens und dessen Auswirkung auf die Welt, oder die Unmöglichkeit vorherzusehen, welche Folgen sich aus bestimmten Erkenntnissen ergeben, machen es schwierig, die Verantwortung der Wissenschaftler genau festzustellen, deren Ergebnisse zu einer konkreten Anwendung beigetragen haben. Man kann Einstein wohl schwerlich für seinen Anteil an der Entwicklung satellitengestützter Ortungssysteme verantwortlich machen! Die Verantwortungskette zwischen bestimmten wissenschaftlichen Forschungsergebnissen und ihren späteren Auswirkungen ist deshalb kein geeignetes Mittel, um das Verhältnis von Wissenschaftler und Gesellschaft zu beschreiben. Allerdings hat der Forscher, in früheren Zeiten sprach man vom Gelehrten, aufgrund seiner Tätigkeit und vielleicht auch seiner Art zu denken, ein ganz besonderes Verhältnis zum Wissen, selbst zu dem Wissen, das sich nicht direkt aus seiner eigenen

Arbeit ergibt. Dieses Verhältnis ist gesellschaftlich relevant und geht deshalb ebenfalls mit Verantwortung einher, unabhängig davon, ob möglicherweise eine Verbindung zwischen einem Forschungsergebnis und einer Anwendung besteht.

Der Wissenschaftler hat als Forscher und Lehrer die Stufen des Wissens erklommen, er hat den Raum durchmessen, der das Bekannte vom Unbekannten trennt, um seine Grenzen zu erweitern. Er hat Kollegen, Studenten und die Öffentlichkeit an seiner Forschung teilhaben lassen. Er hat den Wissensstand von Kollegen und Lernenden bewertet und die Forschung seiner Zeitgenossen beurteilt. Kurz, er hat nicht nur Stunden, sondern Jahre damit verbracht, das Wissen von allen Seiten zu beleuchten und zu ergründen. Seine persönliche Beziehung zur Wissenschaft verleiht dem Wissenschaftler eine außerordentliche Stellung im Verhältnis von Wissen und Gesellschaft. Niemand kann besser als er die Relevanz, die Bedeutung und den Stellenwert laufender Projekte ermessen. Diese Erfahrung lässt ihn das Verhältnis von Wissen und Gesellschaft in einem größeren Zusammenhang sehen. So sollte es zumindest sein. Sein Blick reicht weit über den Horizont von uns anderen hinaus. Für ihn geht es nicht darum, seine Arbeit allein auf die Probleme zu beschränken, die gerade im Mittelpunkt des Interesses einer Forschungsgruppe stehen, sondern er möchte die erworbenen Kenntnisse dazu nutzen, die Wissenschaft allgemein „in den Dienst" der Gesellschaft zu stellen. So stand es bereits 1815 in den Statuten der Schweizerischen Naturforschenden Gesellschaft, aus der die heutige Akademie der Naturwissenschaften Schweiz hervorgegangen ist.

Mit allen Werkzeugen, auch mit denen, die in Zusammenarbeit mit der Wissenschaft entwickelt wurden, lässt sich die Welt verändern. Das ist ja gerade der Sinn von Werkzeugen. Doch mit jeder Einflussnahme geht die Verpflichtung einher, diese Kompetenzen verantwortungsbewusst einzusetzen. Es geht hierbei nicht darum, in Erfahrung zu bringen, wer eine aus der Forschung hervorgegangene Technologie benutzt und zu welchem Zweck, sondern vielmehr darum zu begreifen, dass die wissenschaftliche Arbeit und ihre Ergebnisse an sich bereits Folgen für die Gesellschaft nach sich ziehen. Dass sie mit ihrem Wissen Werkzeuge geschaffen haben oder schaffen sollten, stellt eine Verantwortung dar, der sich die Wissenschaftler stellen müssen. Diese Verantwortung erschöpft sich bei Weitem nicht darin, die Forschungsergebnisse der Öffentlichkeit mitzuteilen.

Forscher, deren Arbeit aus öffentlichen Mitteln finanziert wird, sind verpflichtet, ihr Wissen so weit wie möglich mitzuteilen. Das tun sie, indem sie ihre Ergebnisse in der wissenschaftlichen Literatur veröffentlichen, an Fachkongressen teilnehmen, Kommuniques herausgeben, Vorträge halten oder Artikel schreiben, die sich an eine breite Leserschaft richten. Doch diese Art der notwendigen Vermittlung reicht noch nicht aus, um die Wissenschaft sinnvoll in den Dienst der Gesellschaft zu stellen. Eine Gesellschaft, in der die Wissenschaft lediglich in Form mehr oder weniger gelungener Konferenzen in Erscheinung tritt, auf denen die Wissenschaftler über ihre gerade erzielten Ergebnisse berichten, kann mit diesem Wissen nichts anfangen. Wir brauchen eine Kultur, die es ermöglicht aufzuzeigen, welche Perspektiven sich mit den neuen Forschungsergebnissen eröffnen, und vor allem geht es darum, das bestehende Wissen an die Stellen zu tragen, wo es einen Beitrag zur aktiven Gestaltung der Welt leisten kann und muss. Wir müssen es schaffen, dass wissenschaftliche Erkenntnisse in die gesellschaftlichen Entscheidungen mit einfließen und so zum Nutzen aller beitragen. Ebenso wie die Einschätzung der direkten Auswirkungen von Entdeckungen gehört auch das zu der Verantwortung der wissenschaftlichen Welt.

Die Kluft zwischen der Wissenschaft und ihren rationalen aber komplexen Prozessen einerseits und den Entscheidungsträgern andererseits macht es notwendig, dass diejenigen, die dazu in der Lage sind, eine Verbindung zwischen diesen Bereichen herstellen. Diese Aufgabe obliegt allein den Wissenschaftlern und gehört deshalb unbedingt ebenfalls zu ihrer Verantwortung gegenüber der Gesellschaft.

In einer Zeit, die manchmal als Anthropozän bezeichnet wird, um zum Ausdruck zu bringen, dass das Handeln des Menschen auf unserem Planeten eine ebenso wichtige Rolle spielt wie die geologischen Phänomene, ist diese Verantwortung enorm groß. Auf der Basis seines Wissens ist der Mensch bestrebt, seinen Lebensraum zu verbessern. Folglich ist das Wissen der Ursprung für alle negativen und positiven Folgen, die sich aus der Nutzung unserer direkten Umwelt und der Erde insgesamt ergeben. Der Forscher, der die grundlegenden Phänomene der Natur ergründet, trägt aber für die möglichen Folgen, die sich aus der Anwendung seiner Entdeckungen ergeben, nicht etwa mehr direkte Verantwortung als die Männer und Frauen, die dieses Wissen aktiv umsetzen. Einstein ist für das GPS-System nicht verantwortlich. Nichtsdestoweniger muss der Forscher ermessen und verstehen, welche Konsequenzen sich aus dem Handeln der Menschen für die Welt ergeben. Und eben dieses Wissen ist heute unerlässlich, wenn wir den Planeten für all seine Bewohner lebenswert erhalten wollen.

5.5 Wissenschaft und Umwelt

Die Phänomene, mit denen wir derzeit konfrontiert sind, sind so komplex und ihre Auswirkungen so gravierend, dass die heutigen Wissenschaftler der Öffentlichkeit im Allgemeinen und den politischen Entscheidungsträgern im Besonderen all ihr vorhandenes und sachdienliches Wissen zur Verfügung stellen müssen, um die Probleme zu lösen, bei denen ein Handeln notwendig und möglich ist. Und dieses Wissen ist nicht gering.

Nehmen wir beispielsweise die Auswirkungen, die Veränderungen in der Zusammensetzung der Atmosphäre auf unser Klima haben. Im Lauf der Erdentwicklung hat sich diese Zusammensetzung verändert. Beeinflusst wird sie unter anderem durch biologische Prozesse. Ohne Leben auf der Erde würde der Sauerstoffgehalt in der Atmosphäre rasch absinken, denn dieses Element geht natürliche Bindungen mit Metallen ein und würde sich auf der Erdoberfläche oder auf dem Meeresgrund absetzen. Doch für die Veränderungen in der Zusammensetzung der Atmosphäre, die wir heute beobachten, ist nicht die Biologie verantwortlich, sondern sie gehen zu einem großen Teil darauf zurück, dass wir Erdöl und Kohle verbrennen und damit in nur wenigen Jahrzehnten Elemente in die Atmosphäre entlassen haben, für deren Entstehung und Einlagerung in tiefen Sedimentschichten es biologischer und geologischer Prozesse von Jahrmillionen Dauer bedurft hatte. Das Tempo unseres heutigen Handelns steht in keinem Verhältnis zu der Zeit, die notwendig war, um diese Schichten entstehen zu lassen. Diese rasante Geschwindigkeit lässt unserer Umwelt keine Möglichkeit, sich den neuen atmosphärischen Bedingungen unbeschadet anzupassen. Wir sind nun mit den Folgen dieser Veränderungen konfrontiert und müssen geeignete Mittel finden, um die negativen Auswirkungen möglichst gering zu halten. Diese Realität zu begreifen, Auswege zu finden und das notwendige Handeln in die Wege zu leiten, stellt eine außerordentliche Herausforderung dar. Wir brauchen genaue Kenntnisse von der Wechselwirkung zwischen der Atmosphäre und der Sonneneinstrahlung, wir müssen wissen, welche physikalischen und chemischen Prozesse sich zwischen der Atmosphäre und der Erdoberfläche und der Oberfläche der Meere abspielen. Es müssen die Bildung der Wolken sowie deren optische Eigenschaften bei sichtbarem Licht und bei Infrarotstrahlung untersucht werden. Es gilt, die chemischen Reaktionen aller atmosphärischen Komponenten zu beobachten und sie in die Berechnungen mit einzubeziehen, und schließlich muss man Kenntnisse über die globale Zirkulation der Atmosphäre und der Meeresströmungen haben, um zu verstehen, wie sich die warme Luft auf der Erdoberfläche verteilt. Jedes einzelne Teil dieses Puzzles hängt mit den anderen zusammen, und deshalb reicht es nicht, die Einzelteile getrennt zu betrachten. Man muss herausfinden, wie jedes einzelne auf alle anderen einwirkt. Um diese immense Aufgabe zu bewältigen, bedarf es umfassender Kenntnisse aus vielen Wissenschaftsdisziplinen.

Doch auch wenn die atmosphärischen, physikalischen und chemischen Zusammenhänge geklärt sind, bleibt immer noch die Frage, welche Schritte möglich und notwendig sind, um die Eigenschaften unseres Klimas so zu beeinflussen, dass die Erde auch in Zukunft für alle Menschen ein lebenswerter Planet bleibt. Um dieses Ziel zu erreichen, ist es notwendig, dass die Industrie ihre Praktiken und wir unsere Lebensgewohnheiten ändern, damit die schlimmsten Folgen der von uns verursachten atmosphärischen Veränderungen noch aufgehalten werden können. Am Beispiel der Kohle lässt sich das gut verdeutlichen. Es geht kein Weg daran vorbei, dass wir aufhören müssen, Kohle zu verbrennen, einen Rohstoff, der in weiten Regionen der Erde noch reichlich vorhanden ist. Um das zu erreichen, muss man wissen, wie die Weltwirtschaft funktioniert, welche Handlungsmöglichkeiten die Politik hat und wie die Menschen und die Gesellschaft auf die geforderten Veränderungen reagieren werden. Und es müssen neue Modelle für die Erzeugung und die Nutzung von Wärmeenergie entwickelt werden. Für all diese Aufgaben ist das umfangreiche Wissen der Geisteswissenschaften, der Psychologie, der Soziologie, der Politologie sowie der Ökonomie und der Technik erforderlich.

Die Weltbevölkerung wächst unaufhörlich. Diese demografische Entwicklung macht es notwendig, dass wir uns auch über die Ernährung Gedanken machen. Die landwirtschaftlichen Flächen sind begrenzt, und deshalb müssen wir auch auf die Weltmeere zurückgreifen.

Zurzeit ist es vor allem die Fischfangindustrie, die unsere Ozeane ausplündert, und das häufig in einem so großen Ausmaß, dass sich die Fischbestände auf natürliche Weise nicht mehr regenerieren können. Wir verhalten uns in dieser Hinsicht so wie unsere Vorfahren, die durch übermäßiges Jagen das Wild in ihren Wäldern nachhaltig dezimierten. Nur besaßen unsere Vorfahren die Möglichkeit, in neue Jagdgründe weiterzuziehen, wohingegen wir nur diesen einen Planeten haben, um unseren „Stamm" zu ernähren. Eine intelligentere Nutzung der Ressourcen, die das Meer bietet, erfordert, dass wir die Nahrungskette im Ozean besser verstehen und uns überlegen, wie wir die Fotosynthese des Phytoplanktons, des Äquivalents unserer Pflanzen an Land, und die Biologie der Tiere, die dieses Plankton fressen, sozusagen landwirtschaftlich nutzen können, um daraus Nahrungsmittel für den Menschen zu entwickeln, ohne das Ökosystem zu stark zu belasten. Dazu sind unter anderem die Erkenntnisse der Ozeanografie und der Biologie notwendig[1]. Mit ihrer Hilfe wird es möglich, den Metabolismus der verschiedenen Arten zu verstehen, d. h. der maritimen Tier- und Pflanzenwelt, an der sich biologische Phänomene makroskopisch beobachten lassen. Diese Kenntnisse sind zwar notwendig, reichen aber noch nicht aus, um unsere Ernährung durch Ressourcen aus dem Meer zu ergänzen. Dazu müssten wir erst einmal bereit sein, diese neuen Meeresprodukte auch zu verzehren. Damit die neuen, von der Wissenschaft

[1]Marine sustainability in an age of changing oceans and seas, EASAC-Bericht, 2016.

entdeckten Nahrungsmittel aus dem Meer angenommen werden, muss man die Ernährungsgewohnheiten und die Esskultur der Gesellschaften, also ihre Kultur ganz allgemein, kennen und wissen, wie sich diese Kulturen im Laufe der Zeit entwickelt haben, und wie sie sich noch verändern können. Außerdem müssen diese Forschungen so vonstattengehen, dass sie nicht auf Ablehnung stoßen und auch die kulturelle Vielfalt nicht gefährden, und vor allem dürfen sich die Wissenschaftler und ihr sozioökonomisches Umfeld nicht als neue Konquistadoren aufführen. Auch hier bleibt sowohl für die Naturwissenschaften als auch für die Geisteswissenschaften noch viel zu tun.

Das sind nur zwei Beispiele aus der großen Zahl an Herausforderungen, denen wir uns stellen müssen. Wir hätten auch andere Bereiche anführen können, etwa die Biodiversität, die Gesundheit von Mensch und Tier oder die invasiven Arten, um nur einige zu nennen. Sie alle verdeutlichen, welch ungeheures und vielfältiges Wissen die Menschheit braucht, um der Probleme Herr zu werden, die sich stellen, wenn zehn Milliarden Menschen auf der Welt ernährt werden müssen und diese Menschen ein angenehmes und menschenwürdiges Leben führen sollen.

Die Gemeinschaft der Wissenschaftler steht in der Verantwortung, ihre Kenntnisse so weit wie möglich zu erweitern, und sie in den Dienst der Gesellschaft, der Politik und der Öffentlichkeit zu stellen, damit die Entscheidungen, von denen wir alle weltweit betroffen sind, auf der Basis eines möglichst hohen Stands an Informationen getroffen werden.

6

Wissenschaft und Politik

Der Erwerb des notwendigen Wissens ist für die Entwicklung unserer Gesellschaften unabdingbar. Wissen allein führt die Menschheit aber noch nicht in eine bessere Zukunft. Aus dem Wissen muss das notwendige Handeln abgeleitet und in die Tat umgesetzt werden. Das Wissen muss sich auch in Politik und Wirtschaft positiv niederschlagen und deshalb in die Kreise hineingetragen werden, in denen die gesellschaftlich wichtigen Entscheidungen fallen.

In den Führungsetagen und Aufsichtsräten von Unternehmen ist man mit Sicherheit an wissenschaftlichen Ergebnissen interessiert, mit denen sich Gewinne erzielen lassen. Genau zu diesem Zweck betreiben zahlreiche Unternehmen Forschungsprogramme im großen Stil. In der Schweiz machen sie den größten Teil der Forschung aus: Zwei Drittel der Forschung, etwa in den großen

T.J.-L. Courvoisier, *Keine Gesellschaft ohne Wissenschaft!*,
DOI 10.1007/978-3-662-55556-9_6

Unternehmen der Pharmaindustrie, werden aus privaten Quellen finanziert. Der Erwerb dieses Wissens macht einen wichtigen Bestandteil der Entwicklungs- und Wachstumspolitik der jeweiligen Unternehmen aus. Die an Universitäten und staatlichen Hochschulen betriebene allgemeine Forschung dagegen wird aus öffentlichen Mitteln finanziert und dient nicht direkt den Interessen des Staates oder denen bestimmter Institutionen bzw. der Industrie. Dennoch ist sie für die Entwicklung unserer Gesellschaften ausgesprochen wichtig. Aufgrund ihrer unspezifischen Ausrichtung kann sie potenziell in vielen Bereichen von Nutzen sein, manchmal sogar in solchen, die mit der ursprünglichen Intention gar nichts zu tun haben. Das macht es aber für diejenigen, die Entscheidungen zu treffen haben, schwieriger, sie als ein nützliches Instrument wahrzunehmen und sich ihrer zu bedienen. Bei den Ergebnissen der zielgerichteten Forschung ist das einfacher.

6.1 Die Wissenschaft als Siegerin

Nach dem Ende des Zweiten Weltkrieges war klar, dass die Wissenschaft, vor allem die Physik, eine wesentliche Rolle beim Sieg über den Nationalsozialismus gespielt hatte. Die Kenntnisse auf dem Gebiet der Ausbreitung elektromagnetischer Wellen und ihre Anwendung in der Telekommunikation sowie die Entwicklung der Radartechnologie sind nur zwei Beispiele von vielen. In seinem berühmten

Bericht an den Präsidenten hat Vannevar Bush[1] 1945 den Gedanken ausgeführt, dass nicht nur das Militär, sondern auch die Zivilgesellschaft und die Wirtschaft von den Fortschritten in der Wissenschaft profitieren könnten. In diesem Artikel vertrat er die Ansicht, dass die wissenschaftlichen Errungenschaften den Gesellschaften, und insbesondere der amerikanischen Gesellschaft, auch in Friedenszeiten von großem Nutzen sein würden. Diese Ideen trafen auf breite Zustimmung und haben sich in den Jahrzehnten nach dem Zweiten Weltkrieg auch bestätigt. Angesichts der Entwicklung des Lebensstandards in den westlichen Ländern bestand kein Zweifel daran, dass die Wissenschaft ein Segen für die Menschheit war. Diese Einstellung war in der westlichen Welt so selbstverständlich geworden, dass der Dialog zwischen der Gesellschaft und der wissenschaftlichen Gemeinschaft immer mehr zum Erliegen kam und sich in den 1980er Jahren schließlich auf die öffentliche Bekanntgabe von Forschungsergebnissen beschränkte. Eine kritischere Einstellung gegenüber der Wissenschaft bildete sich erst später heraus, und damit entstand auch das Bedürfnis, den Dialog zwischen Wissenschaft und Gesellschaft neu zu beleben.

[1]Vannevar Bush, „Science, the endless frontier", ein Bericht an den Präsidenten über ein Programm zur Wissenschaft nach dem Krieg, 1945.

6.2 Politik und Wissenschaft

Die Veröffentlichung wissenschaftlicher Ergebnisse wird von einer interessierten Öffentlichkeit seit eh und je aufmerksam verfolgt. Wissenschaften wie die Astronomie haben schon immer viele Menschen fasziniert. An Tagen der offenen Tür in Laboratorien reißt der Strom junger und weniger junger Besucher nicht ab. Allerdings findet sich nur selten einmal ein Vertreter aus der Politik unter dieser aufrichtig interessierten Öffentlichkeit. Menschen, die sich in der Politik engagieren, kommen eher aus dem juristischen, sozialen oder wirtschaftlichen Bereich, haben Agrarwissenschaften oder Politologie studiert, doch Naturwissenschaftler sind selten darunter. Vor allem haben Politiker selten etwas mit den sogenannten harten Wissenschaften wie Mathematik, Physik und Chemie zu tun. Die Fähigkeiten, die sie auf dem Weg erworben haben, der üblicherweise zu verantwortlichen Positionen in der Politik führt, sind für das Regieren und damit für das Wohl unserer Gesellschaften unerlässlich. Viele junge Leute schlagen diesen Weg allerdings auch deshalb ein, weil sie sich ein naturwissenschaftliches Studium nicht zutrauen oder einfach keine Lust dazu haben. Die meisten Politiker sind deshalb, sozusagen von Natur aus, wenig vertraut mit dem naturwissenschaftlichen Vorgehen, seinen Anforderungen, seiner Stärke und seinen möglichen Ergebnissen.

Andererseits übt auch die Politik auf die meisten Wissenschaftler nur eine geringe Anziehungskraft aus. Wissenschaftliches Vorgehen erfordert vom Forscher, dass er sein Wissen und seine Behauptungen auf möglichst viele

Fakten und Versuchsergebnisse stützt, ein Verfahren, das mit der gängigen Praxis des politischen Diskurses schwer vereinbar ist, denn der verlangt Einfachheit und rasche Ergebnisse. Wissenschaftler halten sich von der Politik gern fern, was aber nicht bedeutet, dass sie sich für die gesellschaftlichen Belange nicht interessieren. Doch sie sind deshalb oft nicht genau darüber im Bilde, wie und anhand welcher Informationen die jeweiligen politischen Entscheidungen getroffen werden.

Außerdem unterscheiden sich Wissenschaftler und Politiker nicht nur stark darin, wie sie die jeweiligen Probleme angehen, sondern haben auch in ihrem Verhalten und Auftreten kaum etwas gemein. Erstere messen der Art und Weise, wie sie sich präsentieren oder ausdrücken, keine große Bedeutung bei, während die anderen darin einen wichtigen Bestandteil des höflichen Miteinanders sehen. Diese Unterschiede reichen sogar bis hinein in die Kleidung. Ein Foto, auf dem eine Gruppe von Naturwissenschaftlern auf einem internationalen Kongress zu sehen ist, hat keinerlei Ähnlichkeit mit einem Bild, das bei einem vergleichbaren Anlass von Vertretern aus Politik und Wirtschaft aufgenommen wurde. Diese Unterschiede machen die Verständnisschwierigkeiten zwischen den beiden Lagern nur noch größer.

Einerseits gab es über Jahrzehnte hinweg im Dialog zwischen Wissenschaft und Gesellschaft keine wirklich wichtigen Themen, und andererseits begegneten sich beide Seiten mit Gleichgültigkeit, ja sogar mit einer gewissen Furcht, was zu einer Barriere zwischen ihnen führte, die schwer zu überwinden war und immer noch ist. Sie arbeiten in völlig unterschiedliche Sphären, und es gibt keine

Gemeinsamkeiten in ihrem beruflichen Werdegang. Wissenschaft und Politik begegnen sich kaum. Und zwischen diesen beiden Welten bestehen auch nur wenige persönliche Beziehungen, weshalb es auch an Gelegenheiten für Begegnungen mangelt, bei denen die notwendigen Brücken geschlagen werden könnten.

6.3 Der schwierige Dialog zwischen Wissenschaft und Politik

Abgesehen davon, dass diese beiden Welten so weit voneinander entfernt sind, gibt es auch eine Reihe objektiver Schwierigkeiten, wenn es darum geht, naturwissenschaftliches Wissen außerhalb der Forschergemeinschaft zu vermitteln.

Der Forscher bewegt sich in dem Grenzbereich zwischen dem Bekannten und dem Unbekannten bzw. noch nicht Bekannten. Er stellt seine neuen Erkenntnisse unaufhörlich wieder infrage, so lange, bis seine Forschungsergebnisse irgendwann ihren Platz im kollektiven Gebäude der Wissenschaft finden. Sehr viel öfter als andere Menschen begegnet der Wissenschaftler scheinbar richtigen Behauptungen mit Zweifel. Er vertritt eine Erkenntnis immer erst dann voller Überzeugung, wenn deren Richtigkeit relativ sicher erwiesen ist. Sollten seine Erkenntnisse aber wieder in Zweifel gezogen werden, fordert er starke und stichhaltige Argumente. Da es sich bei dem für eine gesunde Entwicklung unserer Gesellschaft notwendigen Wissen häufig um neue und komplexe Zusammenhänge handelt, sind Wissenschaftler vorsichtig mit ihren Aussagen und äußern eher Zweifel, anstatt Gewissheiten zu verkünden. Eine derartige Haltung ist mit den Bedürfnissen von Politikerinnen und Politikern nur schwer vereinbar. Sie müssen nämlich klare Argumente anbieten, damit die Gesellschaft ihren Handlungskonzepten zustimmt.

Naturwissenschaftliche Erkenntnisse beruhen auf der Messung von Daten, die durch Experimente oder Beobachtungen gewonnen wurden; in der Klimaforschung beispielsweise auf regelmäßigen Temperaturmessungen. Der Genauigkeit von Messungen sind aber stets Grenzen gesetzt, sie sind also mit einem gewissen Grad an Unsicherheit behaftet. Außerdem ist es oft notwendig, nicht nur zu berücksichtigen, wie sich ein System in der Vergangenheit verhalten hat und in der Gegenwart verhält, sondern man muss die Daten auch auf die Zukunft projizieren. Um beispielsweise Aussagen über die in einer bestimmten Region der Welt in einigen Jahrzehnten zu erwartenden Temperaturen zu treffen, muss man die vorhandenen Messdaten auf die Zukunft hochrechnen. Eine solche Extrapolation hängt aber von Modellen ab, die ihrerseits mit Ungenauigkeiten behaftet sind, wodurch sich die Unsicherheit der Messungen noch vergrößert. Deshalb gibt der Wissenschaftler bei seinen Aussagen immer einen gewissen Ungenauigkeitsspielraum mit an. Auch das ist ein Grund, warum es so schwierig ist, wissenschaftliche Ergebnisse nach außen zu vermitteln, denn diese Art der Kommunikation unterscheidet sich grundlegend von dem Bedürfnis der Öffentlichkeit, der Volksvertreter und der Entscheidungsträger nach einfachen Tatsachen.

Während ihres Dialogs mit der Gesellschaft steht die Forschung nicht still. Sie geht weiter, während der Gesetzgeber sich bemüht, die wissenschaftlichen Erkenntnisse gesellschaftlich umzusetzen. Die Veröffentlichung neuer Forschungsergebnisse erfolgt immer mit etwas Verzögerung. So wurden beispielsweise die Gravitationswellen bereits im September 2015 entdeckt, aber erst im Februar 2016 der Öffentlichkeit bekannt gegeben. Diese Zeitspanne war notwendig, um das Ergebnis zu bestätigen und um sicherzustellen, dass es sich nicht um ein Datenartefakt handelte. Ein Beispiel aus einem ganz anderen Bereich sind die Biotreibstoffe. Mit der zunehmenden Produktion von Biodiesel ging auch die Erkenntnis einher, wie sich diese Entwicklung möglicherweise auf den Anbau von Nahrungsmitteln für Mensch und Tier auswirken wird. Damit wurden die positiven Aspekte dieser Technologie und ihre Einführung wieder infrage gestellt. Ein Widerspruch, der den ohnehin schwierigen Dialog nicht einfacher macht.

In der wissenschaftlichen Gemeinschaft kommt es zu häufig sehr leidenschaftlich geführten Diskussionen. Die Protagonisten verwenden viel Zeit, Energie und Mühe darauf, die für ihre Forschung notwendigen Experimente und Beobachtungen durchzuführen und dann die Ergebnisse in den Fundus des kollektiven Wissens einzubringen. Deshalb tragen sie ihre Resultate mit einer gewissen Vehemenz in die Arena ihrer Fachkollegen und stellen sich der Auseinandersetzung mit anderen, die möglicherweise abweichende Meinungen vertreten und diese mit der gleichen Begeisterung verteidigen. Es erfordert Zeit, weitere Messungen und manchmal ein gründliches theoretisches

Umdenken, damit alle Resultate die notwendige Kohärenz erhalten und als Ausgangsbasis für weiterführende Überlegungen dienen oder aber der Gesellschaft zur konkreten Nutzung zur Verfügung gestellt können. Diese Diskussionskultur verstärkt noch den mit neuen Erkenntnissen einhergehenden Eindruck der Ungewissheit und macht die Vermittlung wissenschaftlicher Resultate noch schwieriger. Der Beobachter von außen hat Mühe zu unterscheiden, welche der jeweiligen Debatten Aufmerksamkeit verdienen und bei welchen es um Dinge geht, die nicht wirklich wichtig sind. Es gibt beispielsweise immer Personen, die bereits fest etablierte Fakten wieder infrage stellen, etwa Einsteins Relativitätstheorie oder die Klimaerwärmung, ohne selbst neue Argumente vorzubringen. Solche Leute lösen Debatten aus, die in den Medien und in der Öffentlichkeit starken Widerhall finden, weil dort aufgrund fehlender Sachkenntnis allen Stimmen das gleiche Gewicht beigemessen wird. Manch einer nutzt dann diese völlig überflüssigen Debatten dazu, ein bereits evidentes Wissen wieder zu hinterfragen. In Bereichen, die für die Gesellschaft wichtig sind, führt das dazu, dass jene, die ihre persönlichen Interessen durch die neuen Erkenntnisse bedroht sehen, in derartigen Debatten die Rechtfertigung dafür sehen, an einem Zustand, von dem sie selbst profitieren, nichts zu ändern. Das erleben wir zum Beispiel im Zusammenhang mit dem Klimawandel. Die Fakten sind eindeutig erwiesen, aber manche Leute stellen sie permanent infrage, ohne auch nur einen Deut an zusätzlichem Wissen beizutragen, und wecken damit Zweifel in den Köpfen. Die Gründe dafür sind manchmal mit dem Gemeinwohl alles andere als vereinbar. Eine qualitativ hochwertige Debatte zeichnet sich hingegen dadurch aus, dass sie sich auf die aus Experimenten und Beobachtungen gewonnenen Fakten stützt oder auf eindeutige theoretische Aussagen Bezug nimmt. Sie muss sich engstirniger Streitereien enthalten. Nur dann ist sie fruchtbar und verdient auch die Aufmerksamkeit der Medien und der Öffentlichkeit.

Damit es zu einem echten Dialog zwischen Gesellschaft und Wissenschaft kommen kann, müssen beide Seiten aufeinander zugehen und vor allem sich gegenseitig verstehen. Die Welt der Wissenschaft muss der Gesellschaft zuhören. Wenn die Gesellschaft mit Fragen an die Wissenschaft herantritt, so verwendet sie Begriffe und Ausdrucksweisen, die der Öffentlichkeit und deren Vertretern geläufig sind. Diese Formulierungen entsprechen aber nicht immer dem wissenschaftlichen Verständnis. So ist es beispielsweise absolut legitim, wenn die Wissenschaft aufgefordert wird, Mittel zu finden, um „Krebs zu heilen". Einer in dieser Form vorgetragenen Forderung kann ein Forscher allerdings nicht nachkommen. Damit überhaupt eine gewisse Aussicht auf Erfolg besteht, muss der Forscher diese Forderung nämlich zunächst einmal in ausreichend genau definierte, also kleine Unteraufgaben zerlegen. Jede dieser Aufgaben wird dann zum Gegenstand eines ganzen Forschungsprogramms, dessen Zusammenhang mit der ursprünglich gestellten Aufgabe für die Öffentlichkeit nicht immer nachvollziehbar ist. Es kann aber auch geschehen, dass die Forschung auf einem Gebiet, das offenbar überhaupt nichts mit der Ausgangsfrage zu tun hat, sachdienliche Beiträge zu deren Lösung leistet, wodurch die Verwirrung nur noch größer wird.

Es gehört unbedingt mit zum Dialog, dass die Wissenschaft erklärt, wie sie eine von der Gesellschaft an sie herangetragene Forderung in ihrer Arbeit umsetzen will. In diesem Stadium müssen die Wissenschaftler den Fragen aufmerksam zuhören und sich bemühen zu erklären, wie die an sie gestellten Erwartungen in Projekte übertragen werden. Und diese Erklärung muss so ausfallen, dass die Fragesteller sie auch verstehen. Manchmal stoßen die Forscher im Rahmen spezieller Untersuchungen oder bei der Arbeit an der Lösung ganz anderer Probleme auch auf völlig neue Fragestellungen, mit denen sie die Gesellschaft konfrontieren müssen. Auf jeden Fall darf nicht jede Forschung als ein garantierter Beitrag zur Lösung der großen Probleme unserer Zeit „verkauft" werden. Es kommt nämlich durchaus vor, dass Wissenschaftler die Erfolgsaussichten eines Projekts positiver darstellen, als diese nach rationalem Ermessen ausfallen können, nur damit ihr Vorhaben finanziert wird.

6.4 Wissenschaft und Macht

Bei gesellschaftlichen Fragen geht es häufig auch um Bereiche, in denen der Erfolg oder Misserfolg für die Politik und die Wirtschaft von großer Bedeutung sind. Bei der Entwicklung und späteren Kontrolle von genetisch veränderten Getreidesorten, etwa Weizen, Mais oder anderen für eine Bevölkerung wichtigen Nutzpflanzen, besitzt derjenige, der über das entsprechende Wissen verfügt, nicht nur die mit diesen Technologien einhergehende wirtschaftliche Macht, sondern er übt auch einen erheblichen

Einfluss auf die Ernährung der Menschen aus, die von der Landwirtschaft abhängig sind, in deren Diensten er steht. Wer politisch oder wirtschaftlich die Zügel einer solchen Industrie in der Hand hält, könnte damit in seinem eigenen Interesse oder im Interesse seiner Weltanschauung einen starken Druck auf Regionen ausüben, in denen er überhaupt nichts zu suchen hat. Welche Macht mit Wissen einhergeht, lässt sich anhand der Beispiele aus der Biologie ganz besonders eindrücklich zeigen. Die Biologie ist aber bei Weitem nicht der einzige Bereich, in dem Wissenschaft und Macht miteinander verquickt sind. Auch bei allen Energie- und Klimafragen spielen starke wirtschaftliche und geopolitische Interessen eine Rolle. Und das sind nur einige Beispiele. Die Tatsache, dass Politik und Wirtschaft ein ganz konkretes Interesse an zahlreichen wissenschaftlichen Erkenntnissen haben, erschwert den Dialog zwischen Wissenschaft und Politik noch mehr.

Wie bereits erwähnt, stammt ein Großteil der wissenschaftlichen Ergebnisse aus der privatwirtschaftlichen Forschung. Die aus derartigen Forschungen hervorgegangenen Erkenntnisse dienen in erster Linie der Entwicklung der betreffenden Unternehmen und deren Interessen, also den Interessen der Aktionäre. Das in diesem Rahmen erworbene Wissen steigert die wirtschaftliche Macht des Unternehmens und ist nur mit dessen Zustimmung öffentlich zugänglich, also nur dann, wenn die Veröffentlichung der Ergebnisse den Unternehmenszielen dient. Der Dialog zwischen Wissenschaft und Gesellschaft ist deshalb teilweise verzerrt, weil manche der Entscheidungsträger und Wissenschaftler über Kenntnisse verfügen, zu denen die Öffentlichkeit oder die Politik keinen Zugang haben. Ähnliche Überlegungen lassen sich im Hinblick auf die militärische Forschung anstellen, denn die ist oft geheim und steht im Dienst nationaler Interessen. Für Überlegungen, Entscheidungen oder Handlungen, die die Gesellschaft insgesamt betreffen, stehen eigentlich nur wissenschaftliche Ergebnisse zur Verfügung, die im Rahmen öffentlicher, meist staatlicher Forschung erzielt wurden.

Wie Ergebnisse aus öffentlichen Forschungsprojekten in der Industrie Anwendung finden, erregt große Aufmerksamkeit, und dadurch werden die Erfolge wissenschaftlicher Arbeit in der Gesellschaft häufig überhaupt erst wahrgenommen. Es ist immer schwer zu entscheiden, an welche Privatunternehmen in so einem Fall der Stab weitergereicht werden soll; wann, wie, zu welchen Risiken, mit welchen Gewinnchancen? Und welcher Platz soll dabei den öffentlichen Akteuren eingeräumt werden? Diese Übergabe entscheidet oft über den Anwendungserfolg einer Forschung und darüber, wer davon profitiert und dann seinerseits über die mit den betreffenden Erkenntnissen verbundene Macht verfügt.

In manchen Sparten der Privatwirtschaft konzentrieren sich die Forschungsprojekte auf die Themen, die sich schnell und konkret ökonomisch lohnen werden, und den Forschern im öffentlichen Bereich und der staatlichen Finanzierung bleiben die weniger gewinnversprechenden Projekte überlassen. Das ist ganz offensichtlich bei der Forschung in der pharmazeutischen Industrie der Fall, die stärker daran interessiert ist, Medikamente gegen Krankheiten zu entwickeln, unter denen die Menschen in unseren reichen westlichen Gesellschaften leiden, als Arzneien für die armen Regionen unserer Erde zu produzieren.

Der Privatsektor verdient also das Geld, und der öffentliche Sektor widmet sich der Lösung von Problemen, die zwar manchmal von globaler Bedeutung sind, aber weder kurz- noch mittelfristig Gewinnperspektiven eröffnen.

6.5 Die Wahrnehmung der Wissenschaft in der Öffentlichkeit

Zu all diesen Faktoren, die eine unkomplizierte Kommunikation zwischen der Welt der Wissenschaft und jener Welt behindern, in der die gesellschaftlich relevanten Entscheidungen getroffen werden, kommt noch hinzu, dass ein Teil der Öffentlichkeit ein geradezu absurdes Bild von Wissenschaft hat. Aufgrund von Messungen der Klimaparameter über einen langen Zeitraum hinweg wissen wir, dass der Mensch das Klima mit seinem Handeln tatsächlich beeinflusst. Diese Erkenntnis gehört zu den am besten abgesicherten Fakten unseres Umweltwissens. Dennoch wird diese Evidenz immer noch von einem beträchtlichen Teil der Bevölkerung und ihren politischen Repräsentanten geleugnet. Wenn dagegen das Gerücht umgeht, die Erde werde bald mit einem unbekannten Planeten zusammenstoßen, so wird derartiger Unsinn von vielen sofort geglaubt, obwohl diese Behauptung durch keinerlei Beobachtung, Messung oder sonstigen Beweis gestützt wird. Auch der Kreationismus widerspricht jeder Beobachtung. Jeder der schon einmal einen Stalaktiten in einer Tropfsteinhöhle gesehen hat, versteht, dass sich diese Grotte im Lauf der Zeit verändern wird; wer die durch Vulkane hervorgerufenen Veränderungen gesehen hat, begreift, dass die Berge ihre Form verändern. Und dennoch gibt es ganze Gemeinschaften von Menschen, die an ihren den Tatsachen widersprechenden Überzeugungen festhalten Die Wirksamkeit mancher pseudomedizinischer Praktiken, wie etwa der Homöopathie, konnte trotz etlicher Studien niemals durch Messungen belegt werden, aber das hindert einen großen Teil der Bevölkerung nicht daran, sich ihnen anzuvertrauen. Und davon profitiert am meisten die dahinterstehende Industrie. Derartige Überzeugungen, die jeder Erfahrung widersprechen, oder die gesicherte Tatsachen ablehnen, stellen im Dialog von Wissenschaft und Gesellschaft noch erhebliche Hindernisse dar, die ausgeräumt werden müssen.

Der Dialog zwischen Wissenschaft und Gesellschaft gestaltet sich also schwierig, ist aber unbedingt notwendig, damit sich die Gesellschaft auf der Grundlage gesicherten Wissens in ihrer lokalen und globalen Umwelt harmonisch weiterentwickeln kann. Bereits in den ersten Statuten der Schweizerischen Akademie der Naturwissenschaften – sie hieß damals Schweizerische Naturforschende Gesellschaft (Société Helvétique des Sciences Naturelles (SHSN) – wurde dieser Wunsch formuliert: „Ziel der Gesellschaft ist es, die Kenntnisse von der Natur im Allgemeinen und der Natur unseres Vaterlandes im Besonderen zu fördern, dieses Wissen zu verbreiten und im Dienst unseres Vaterlandes anzuwenden."[2] Im heutigen Sprachgebrauch ist an

[2] „L'objectif de la Société (SHSN) est d'encourager la connaissance de la nature en général et de la nature de notre patrie en particulier; de diffuser ce savoir et de l'appliquer de manière vraiment utile à notre patrie." Statuten der

die Stelle von „Vaterland" weitgehend der Begriff „Gesellschaft" getreten. Ersetzt man also das Wort „Vaterland" im letzten Satz dieser Statuten, durch „Gesellschaft", stellt man fest, dass hier bereits vor 200 Jahren die Wissenschaftler von damals ihre Absicht bekundeten, ihr Wissen in den Dienst der Welt zustellen, in der sie lebten. Damit waren unsere Vorfahren dem, was wir heute „science for policy" nennen, bereits erstaunlich nahe.

6.6 Die Unabhängigkeit des Wissenschaftlers

Der Begriff „science for policy" (Wissenschaft für Politik) muss klar unterschieden werden von dem einer Wissenschaftspolitik. Im ersten Fall geht es darum, das Wissen in alle Bereiche hineinzutragen, in denen es für die Entscheidungsfindung nützlich sein kann oder muss; im zweiten geht es darum, Bedingungen zu schaffen, unter denen Forschung und Lehre gedeihen können. Letzteres beinhaltet auch einen Aspekt, der mit der unbedingt erforderlichen Unabhängigkeit der science for policy nicht vereinbar ist, nämlich das Fundraising für die Wissenschaft.

Fußnote 2 (Fortsetzung)

Schweizerischen Naturforschenden Gesellschaft, Bern, 3., 4. und 5. Oktober 1816, genehmigt in Zürich am 6. Oktober 1817, zitiert nach: Kupper/Schär, „Une organisation simple et sans prétention", in, Les Naturalistes. A la découverte de la Suisse et du monde 1800–2015, hrsg. Hier und Jetzt Baden 2015, S. 295.

Wir verlangen von unseren politischen Vertretern und vom Staat, dass sie bei ihrem Handeln in jeder Hinsicht das Wohl der Gemeinschaft im Auge haben. Diese Forderung erstreckt sich auch auf diejenigen, die das nötige Wissen beitragen, das dem politischen Handeln zugrunde liegen muss. Insbesondere sie dürfen auf keinen Fall dem Wunsch nachgeben, mit ihrem Handeln indirekt ihrer eigenen Wissenschaftsgemeinschaft Vorteile zu verschaffen.

Der Wissenschaftler darf keinerlei materielle, kommerzielle oder finanzielle Interessen verfolgen, die seine Unabhängigkeit beeinträchtigen. Die Glaubwürdigkeit einer wissenschaftlichen Stellungnahme hängt davon ab, dass sie frei erfolgt. Sie darf keiner durch die Interessen der Industrie, des Arbeitgebers, der Aktionäre oder sonstiger privater oder öffentlicher Geldgeber bedingten Zensur, und auch keiner Selbstzensur, unterliegen. Meistens sind es die Akademien der Wissenschaften, die wissenschaftliche Stellungnahmen abgeben. Von ihnen darf man die größte Unabhängigkeit erwarten. Doch sie müssen sich diese Unabhängigkeit äußerst wachsam bewahren. Die Akademien und sonstigen Institutionen, deren Wissen gesellschaftlich relevant ist, dürfen auf gar keinen Fall kommerzielle oder finanzielle Interessen verfolgen oder mit der Industrie in Verbindung stehen, und sie dürfen ausdrücklich keine religiöse, parteipolitische oder politische Ausrichtung haben.

Eine vollkommene Unabhängigkeit ist allerdings unmöglich. Es erfordert Arbeit, wissenschaftliche Erkenntnisse so zu formulieren, dass die Gesellschaft sie für ihre Entscheidungen nutzen kann. Die in bestimmten

Bereichen erhobenen Daten und Arbeiten müssen zusammengeführt, die Ergebnisse zusammengefasst und genau aber verständlich formuliert und schließlich weitergegeben werden. Jeder dieser Schritte erfordert Kraft, Zeit und Intelligenz. Diese Arbeit hat ihren Preis, denn genau wie alle anderen Mitglieder der Gesellschaft haben auch Wissenschaftler einen Anspruch auf ein angemessenes Leben. Um ihrer Aufgabe gerecht werden zu können, müssen die Akademien also finanziert werden. Die Herkunft der Gelder muss transparent und die Finanzierung möglichst nicht an Forderungen gebunden sein. Meistens stellen die Staaten die Mittel zur Finanzierung der Akademien bereit. Damit können diese ihre Arbeit zwar in größtmöglicher Unabhängigkeit betreiben, aber ganz ohne Zwänge geht es trotzdem nicht. Manchmal muss eine Akademie auch auf Erkenntnisse hinweisen, die im Widerspruch zu einer bestimmten Politik des Staates stehen. So verweisen die Akademien regelmäßig darauf, dass sich die Effizienz und Umweltverträglichkeit der Landwirtschaft erhöhen ließen, wenn genetisch verändertes (und nicht nur durch wiederholte Selektion verändertes) Saatgut intelligent eingesetzt würde.[3] Doch die Europäische Union und die europäischen Länder verbieten auch weiterhin die Verwendung dieser Technik. Diese unterschiedlichen Auffassungen bedeuten, dass die Geldgeber der Akademien bereit sein müssen, eine Arbeit zu finanzieren, auch wenn

[3]Siehe z. B.: Planting the future: opportunities and challenges for using crop genetic improvement technologies for sustainable agriculture, EASAC policy report 21, Juni 2013.

deren Ergebnisse ihnen möglicherweise nicht gefallen. Mit anderen Worten, die Finanzierung der Akademien hat frei von jeglicher Einflussnahme zu erfolgen. Diese Forderung steht im Widerspruch zu der Praxis, die sich in den letzten Jahrzehnten eingebürgert hat, nämlich möglichst nur noch spezifische Projekte zu fördern, die offensichtlich nach den jeweiligen Interessen der Geldgeber ausgewählt werden.

Es ist aber nicht die Finanzierung allein, die der Unabhängigkeit der Akademien oder sonstigen Organisationen, die wissenschaftliche Stellungnahmen abgeben, Grenzen setzt. Für die Zusammenfassung und Formulierung des Wissens sind Männer und Frauen zuständig. Jeder von ihnen hat seine ganz persönliche Geschichte, seine kulturellen und manchmal auch religiösen Wurzeln. Die Umgebung, in der sich die Persönlichkeit der jeweiligen Wissenschaftler ausgebildet hat, färbt auf deren Arbeit und Einstellungen ab. Allein die Tatsache, dass der Forscher einen Teil seines Lebens und seiner Zeit der Wissenschaft widmet und sich dann bemüht, sein Wissen in den Prozess der Entscheidungsfindung hineinzutragen, erfordert von ihm, sich ausführlich mit dem Sinn des menschlichen Handelns und dem Wert der Wissenschaft auseinanderzusetzen. Es ist nicht möglich, und wahrscheinlich auch nicht wünschenswert, dass Forscher bei ihrer Arbeit im Dienst der Gesellschaft ihre eigene Kultur ablegen und ihre Werte verleugnen. Es ist allerdings wichtig, möglichst genau zu wissen, welche Bedeutung der jeweilige kulturelle Hintergrund hat, und dies gegebenenfalls klarzustellen.

Auch die zwischenmenschlichen Beziehungen stellen für jeden von uns Abhängigkeiten dar. Wie alle Menschen schätzen auch Wissenschaftler einige ihrer Mitmenschen mehr und andere weniger, und manche hassen sie sogar. Solche Beziehungen gehören nun einmal zu unserer Persönlichkeit und bleiben nicht ohne Einfluss auf unsere Einstellungen, und da bilden auch die Bereiche von Wissenschaft und Politik keine Ausnahme.

Für die Glaubwürdigkeit einer Schlussfolgerung oder einer Überlegung ist es außerordentlich wichtig zu wissen, welche Faktoren auf die am Dialog zwischen Wissenschaft und Politik Beteiligten einwirken und diese Abhängigkeiten bekannt zu machen.[4] Die meisten Akademien halten sich in dieser Hinsicht an ihr Berufsethos, zumindest was kommerzielle oder finanzielle Interessenkonflikte oder Beziehungen zur Industrie betrifft. Eine weitere wichtige Maßnahme, um die Zuverlässigkeit einer Arbeit zu gewährleisten, besteht in der Bildung von Teams, in denen Wissenschaftler aus vielen unterschiedlichen Kulturen und Gesellschaften zusammenarbeiten. Und eine dritte Forderung lautet, dass alle Beteiligten in der Verantwortung stehen, ihre eigenen Vorurteile zu analysieren und sich so weit wie möglich von ihnen zu distanzieren.

In einer qualitativ hochwertigen wissenschaftlichen Diskussion ist es meist möglich zu unterscheiden, welche Fakten aus Beobachtungen hervorgegangen sind, was bereits etabliertes Wissen ist und welche Beiträge eher

[4]Der Autor dieser Zeilen hat eine stark calvinistisch geprägte Erziehung genossen, theoretische Physik studiert und als Forscher über 30 Jahre lang Beiträge zur Astrophysik geleistet. Er ist sowohl in der Schweiz als auch in ganz Europa in der Welt der Akademien der Wissenschaften aktiv tätig. Dieser Werdegang hat mit Sicherheit auf die Texte in diesem Buch abgefärbt.

durch den kulturellen Kontext geprägt sind, aus dem die Vortragenden kommen. Anhand der Debatten über Genmanipulation lässt sich dieses Spannungsverhältnis gut veranschaulichen. Derartige Diskussionen werden in zahlreichen europäischen Ländern und auch in der wissenschaftlichen Gemeinschaft geführt. Obwohl die experimentellen Fakten bekannt sind und von allen sachkundigen Teilnehmern ehrlicherweise anerkannt werden, kommt in den jeweiligen Stellungnahmen immer zum Ausdruck, welchen Bezug der Betreffende zur Natur hat und inwieweit er bereit ist zuzulassen, dass der Mensch Einfluss auf die Entwicklung der Organismen nimmt. Kurz, niemand kann seine persönlichen ethischen Vorstellungen verleugnen. Eine gute Diskussion kann aber trotzdem fruchtbar sein, sofern subjektive Meinungen und Überzeugungen klar als solche gekennzeichnet und von den durch Beobachtungen und Experimente belegten Fakten unterschieden werden.

Gewiss, die Mittel, die den Akademien zur Verfügung stehen, um zu gewährleisten, dass die Wissenschaftler gegenüber der Politik ihrer Gesprächspartner im Dialog von Wissenschaft und Gesellschaft unabhängig bleiben, garantieren meistens, dass deren Stellungnahmen nicht durch kommerzielle oder finanzielle Interessen beeinflusst werden. Doch die kulturellen und menschlichen Aspekte ihrer Arbeit lassen sich heute und auch in Zukunft mit diesen Mitteln immer nur zum Teil ausschalten. Die beste Garantie für die Qualität der wissenschaftlichen Arbeit bleibt immer noch das persönliche Verantwortungsbewusstsein aller an diesem Prozess Beteiligten.

6.7 Wissenschaftler in der Welt der Politik

Eine ganz andere Form von Dialog zwischen Wissenschaft und Gesellschaft als die oben beschriebene wird möglich, wenn sich Wissenschaftler direkt aktiv in der Politik engagieren. Weltweit sind einige wenige Forscher und Professoren aktiv im politischen Leben präsent, indem sie sich als Abgeordnete in Parlamente wählen lassen oder sogar Regierungsämter übernehmen. Aber diese Haltung bildet die Ausnahme. Wenn ein Politiker sich zu Themen äußern muss, von denen er häufig nicht viel versteht, so gibt er einfache, manchmal geradezu kategorische Stellungnahmen ab. Darin unterscheiden sich seine Äußerungen stark von denen des Wissenschaftlers, denn der drückt sich häufig äußerst kompliziert aus und weist immer wieder auf die Grenzen der erzielten Ergebnisse hin. Von der einen Rolle in die andere zu schlüpfen, ist fraglos sehr schwer, und nur wenige sind dazu bereit. Das mag man bedauern, doch die Unterschiede in der Art, Themen zu behandeln, werden stets zur Folge haben, dass der Anteil der Wissenschaftler in einer Bevölkerung in deren politischen Institutionen unterrepräsentiert bleibt. Solange Wissenschaftler nicht in den Parteien und Parlamenten vertreten sind, wird ihr Beitrag zur gesellschaftlichen Debatte zwangsläufig gering ausfallen.

Außerdem bleiben die am Dialog zwischen Wissenschaft und Gesellschaft beteiligten Wissenschaftler von den Debatten ausgeschlossen, in deren Rahmen die Entscheidungen getroffen werden, denn sie sind parteiunabhängig und stellen ihr Wissen der Politik insgesamt zur Verfügung. Es ist deshalb paradox, dass sich die Rolle derjenigen, die mit ihrem Wissen die gesellschaftliche Entwicklung beeinflussen, und die dieses Wissen so aufbereitet haben, dass es in der Debatte Früchte tragen kann, oft darauf beschränkt, einen Bericht vorzulegen und Fragen zu einzelnen Punkten zu beantworten.

Die ethischen Grundsätze, zu denen sich die Wissenschaftler freiwillig bekennen, um sich ihre Unabhängigkeit so gut wie möglich zu bewahren, werden von zahlreichen Nichtregierungsorganisationen nicht geteilt. Sie scheuen sich nicht, die Wissenschaft für ihre Überzeugungen zu instrumentalisieren. Solche Organisationen melden sich in den Debatten oft lautstark zu Wort und sind sehr aktiv, um nicht zu sagen aktivistisch. Man denke nur an Greenpeace. Das Vorgehen dieser Organisation ist vollkommen legitim, einmal abgesehen von manchen extremen Aktionen, und sie vertritt und formuliert wichtige Anliegen der Gesellschaft, wenn auch gelegentlich ein wenig zu heftig, Allerdings war es auffallend, wie sehr sich diese Organisationen 2014 und 2015 dafür eingesetzt haben, eine direkte Verbindung zwischen den Behörden der Europäischen Kommission und der wissenschaftlichen Gemeinschaft zu verhindern. Der Aktivismus mancher Nichtregierungsorganisationen darf nicht mit den Bemühungen der Wissenschaftsgemeinschaft verwechselt werden, ihr Wissen vorbehaltlos in den Dienst der Allgemeinheit zu stellen. Die Wissenschaftler könnten und sollten sich in der allgemeinen Debatte mehr Gehör verschaffen, denn manchmal wird ihre Stimme von den lautstark vorgetragenen Überzeugungen mancher Vereinigungen übertönt.

Trotz all der angesprochenen Schwierigkeiten erleben wir seit den 1990er Jahren eine Neubelebung des Dialogs von Wissenschaft und Gesellschaft. In der Schweiz hat eine Volksinitiative zum „Schutz von Leben und Umwelt vor Genmanipulation" aus dem Jahr 1998 eine entscheidende Rolle gespielt. In den Jahren und Monaten vor der Volksabstimmung ist den Wissenschaftlern bewusst geworden, dass sich zwischen ihnen und der Bevölkerung eine tiefe Kluft aufgetan hatte. Sie verstanden nun, wie wichtig eine gesunde Beziehung zwischen ihrer Arbeit und der Gesellschaft war, und zwar nicht nur für sie selbst, sondern auch für die Gesellschaft insgesamt. Daraufhin waren sie häufiger auf den ihnen angebotenen Kommunikationsplattformen vertreten. Zahlreiche Akademien, auch die Akademie der Naturwissenschaften Schweiz, haben sich im Hinblick auf eine stärkere Beteiligung am Leben der Gesellschaft und einen fruchtbaren Dialog mit ihren Gesprächspartnern aus der Politik von Grund auf reformiert. Es entstanden neue Institutionen, wie der European Academies Science Advisory Council (EASAC), der es sich zum Ziel gesetzt hat, die Institutionen der Europäischen Union mit Wissen und Sachverständigengutachten zu versorgen. Es bleibt abzuwarten, inwieweit diese Bemühungen zu den Ergebnissen führen, die wir brauchen, um unseren Planeten für uns alle lebenswert zu machen

7

Über nationale Grenzen hinweg

7.1 Vom Wissen einer Epoche zur Allgemeingültigkeit

Die Arbeit des Wissenschaftlers ist immer in einer bestimmten Zeit, einem Ort und einer Kultur verankert. Die Themen, die Wissenschaft, Philosophie oder auch einfach die Stammtischgespräche bestimmen, sind je nach Region oder auch Epoche ganz unterschiedlicher Natur. Geometrie und Kosmogonie waren Probleme, mit denen sich in der Antike die Griechen auseinandergesetzt haben, später wurden sie von den Arabern aufgegriffen und kehrten schließlich mit der Renaissance in die westliche Welt zurück. Die Interessengebiete verändern sich mit der Zeit, das war schon immer so und gilt auch heute noch. Die Fragen, mit denen sich die eine Generation beschäftigte,

T.J.-L. Courvoisier, *Keine Gesellschaft ohne Wissenschaft!*,
DOI 10.1007/978-3-662-55556-9_7

sind für die kommende nicht unbedingt auch noch relevant. Vor einigen Jahrzehnten haben wir unsere Kollegen belächelt, die sich mit den Asteroiden im Sonnensystem befassten, doch heute stellt dieser Bereich ein wichtiges Forschungsgebiet dar. Die Forschung kann sich also nicht aus ihrem jeweiligen gesellschaftlichen Zusammenhang lösen. Der Wissenschaftler ist nun einmal Mitglied einer Gesellschaft, und seine Arbeit wird durch die soziale, politische und kulturelle Umwelt geprägt, in der er lebt.

Erst durch viele Beobachtungen und Versuche, durch die Auseinandersetzung mit anderen Wissenschaftlern und die Interpretation von Messdaten werden Forschungsergebnisse, die von der Kultur der jeweiligen Forscher beeinflusst sein können, zu Resultaten, die kulturunabhängig überall in der Welt anerkannt werden. Das auf diese Weise erlangte Wissen ist im Prinzip für jeden Menschen auf der Welt zugänglich. Es bleibt über die Zeit hinweg gültig, in der es entstanden ist. Eigentlich müsste es heißen, es bleibt innerhalb des theoretischen Rahmens gültig, in dem es ursprünglich entwickelt wurde. Mit der Lehre der Newton'schen Mechanik lässt sich die Gravitation ausgezeichnet beschreiben, solange Bewegungen viel langsamer sind als die Lichtgeschwindigkeit. Andernfalls braucht man die Relativitätstheorie. Doch die Relativitätstheorie hat die Newton'sche Mechanik nicht ersetzt. Sie hat den Bereich erweitert, für den es uns möglich ist, die Auswirkungen der Gravitation zu beschreiben. Bekanntlich liefert aber auch die Relativitätstheorie keine perfekte Beschreibung der Gravitation, denn sie lässt sich mit der Quantenmechanik nicht vereinbaren. Das schränkt zwar ihren Anwendungsbereich ein, ändert aber nichts daran, dass sie innerhalb ihres Bereichs allgemeingültig bleibt. Eine neue Beschreibung der Gravitation muss die heutige ergänzen und mit der allgemeinen Relativitätstheorie in deren Geltungsbereich vereinbar sein, d. h., wenn die Auswirkungen der Quantenmechanik keine wichtige Rolle spielen.

Zeitliche, nationale, religiöse, politische und kulturelle Grenzen spielen keine Rolle, wenn es darum geht, wissenschaftliche Ergebnisse anzuerkennen. Die Messungen von Klimadaten einschließlich aller regionalen Unterschiede können nicht hier als „richtig" und dort als „falsch" eingestuft werden. Sie müssen überall anerkannt werden. Das Gleiche gilt für die aus diesen Messdaten hergeleiteten theoretischen Modelle, sobald sie einer gründlichen Prüfung Stand gehalten haben. Die anschließende Diskussion darüber, welches politische Handeln notwendig wird, um sich diesem Phänomen zu stellen, muss von diesen Überlegungen ausgehen. Das Handeln hängt dann von den politischen, wirtschaftlichen und gesellschaftlichen Verhältnissen in den betreffenden Regionen und von deren Bevölkerung ab. Doch die Auswirkungen dieses Handeln müssen erneut wissenschaftlich und damit ohne nationale oder kulturelle Vorurteile beurteilt und zur Kenntnis genommen werden.

7.2 Die Erde – ein Raumschiff

Nationale Grenzen sind für die Wissenschaft ohne Bedeutung, und sie spielen auch keine Rolle, wenn wir die Erde als Ökosystem betrachten. Denken wir nur einmal an die Meeresströmungen (Abb. 7.1), die Winde (Abb. 7.2), die

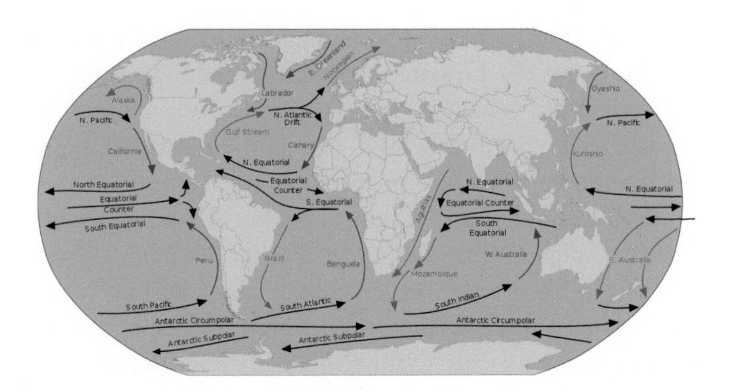

Abb. 7.1 Die Meeresströmungen verdeutlichen, wie die Weltmeere miteinander in Verbindung stehen. (Quelle: Wikicommons CC)

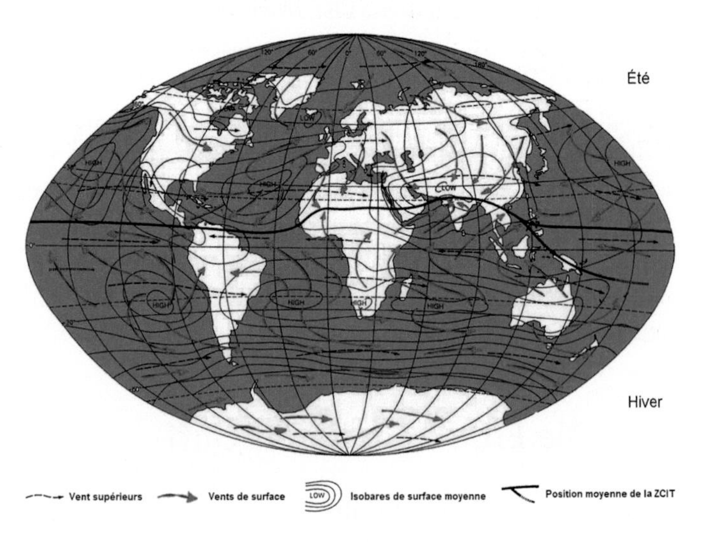

Abb. 7.2 Die Winde kennen keine nationalen Grenzen. (Quelle: University of St. Andrews)

Wanderungen der Tiere und daran, dass die Menschen auf ihren Reisen in Koffern oder Laderäumen Tier- und Pflanzenarten von einem Ende der Welt ans andere schleppen – all das sind Gründe genug, warum wir unseren Planeten aus einer globalen Perspektive betrachten und uns von den politischen Grenzen befreien sollten, die uns nur den Blick verstellen.

Viele Nationen beeinflussen mit ihrem Handeln in dem einen Teil der Welt auch andere Regionen, wenn auch manchmal mit zeitlicher Verzögerung. Und diese Regionen können geografisch sehr weit entfernt liegen. Die Veränderungen in der chemischen Zusammensetzung der Atmosphäre sind im Wesentlichen auf die industrielle Entwicklung der westlichen Länder in den vergangenen hundert Jahren zurückzuführen, doch die Auswirkungen dieser Veränderungen, etwa das Ansteigen der Meeresspiegel aufgrund der Klimaerwärmung, werden in den kommenden Jahrzehnten auf dem gesamten Planeten spürbar sein. Die Menschen, die an den Küsten oder auf den flachen Inseln in den Tropen leben, sind für die Anreicherung der Atmosphäre mit Treibhausgasen nicht im Geringsten verantwortlich, müssen aber erleben, dass ihr Lebensraum kleiner wird oder sogar ganz verloren geht. Wahrscheinlich gibt es auch Beispiele dafür, dass sich ein lokales Handeln mit zeitlicher Verzögerung gelegentlich positiv auf eine weit entfernte Region auswirkt. Eine gewisse Klimaerwärmung mag ja in einigen, sehr kalten Gebieten der Welt unter bestimmten Bedingungen begrüßt werden. Dennoch steht fest, dass die inzwischen bekannten globalen Auswirkungen der Industrialisierung der letzten Jahrhunderte im Allgemeinen mehr Probleme als Verbesserungen für die Menschheit mit sich bringen.

Die Entscheidungen, die in einem Land oder einer Region getroffen werden, sowie das sich daraus ergebende Handeln sollen der betreffenden Bevölkerung oder einem Teil von ihr nützen. Welche Folgen dieses Handeln für andere in der Nähe oder weiter entfernt lebende Menschen hat, wird dabei häufig außer Acht gelassen. Selbst wenn die Folgen bekannt sind, werden sie oft nicht berücksichtigt, weil sie sich erst einstellen, wenn das Mandat der dafür Verantwortlichen abgelaufen ist. Deshalb orientiert sich die Energiepolitik in vielen Volkswirtschaften auch weiterhin am Verbrauch fossiler Brennstoffe, obwohl es im Interesse unseres Planeten dringend geboten ist, dem CO_2-Ausstoß in die Atmosphäre rasch ein Ende zu bereiten.

7.3 Die Macht liegt vorwiegend bei den Staaten

Politische aber auch wirtschaftliche Entscheidungen werden vorwiegend innerhalb der Nationalstaaten getroffen. Auf der Ebene der Länder oder Nationen ist die Konzentration von Macht am größten. Kleinere Untereinheiten, etwa Bundesländer oder Kantone, sind immer im politischen System ihrer Nation verankert, und Strukturen, die über die Nationalstaaten hinausgehen, sind – abgesehen von der Europäischen Union – kaum vorhanden und besitzen zumeist nicht die Befugnis, eigenständig zu handeln.

Aber die Natur kennt keine politischen Grenzen, und einige unserer Entscheidungen haben weitreichende Folgen. Der Einfluss des modernen Menschen auf die globale Umwelt stellt uns vor Herausforderungen, die in dem nationalen Rahmen, in dem wir bisher unsere Entwicklung gestalten, nicht mehr zu bewältigen sind.

Nationale Grenzen entsprechen auch gar nicht der Natur des Menschen. Im äußersten Norden Europas gab es bis vor kurzem noch Gebiete, in denen Menschen lebten, denen die Vorstellung von einer geografisch eingegrenzten Nation völlig fremd war. Bis Ende des 19. Jahrhunderts zogen die in diesen Regionen lebenden Stämme der Samen das ganze Jahr über mit ihren Rentierherden von einem Weidegrund zum anderen. Dann legten Russland, Schweden, Finnland und Norwegen die Grenzen in diesem Gebiet fest. Bei der Überschreitung der verschiedenen Landesgrenzen galten nun die jeweiligen Zollbestimmungen. Das behinderte die Menschen in ihrer Freizügigkeit und brachte eine finanzielle Belastung mit sich, die für sie angesichts ihres schmalen Einkommens untragbar war. Aufgrund dieser politischen Entscheidungen, an denen sie überhaupt nicht beteiligt waren, wurde es für die Samen unmöglich, ihre traditionelle Lebensweise fortzuführen. Ein weiteres Beispiel aus der jüngeren Geschichte ist die Aufteilung großer Teile Afrikas oder des Nahen Ostens durch die Kolonialmächte in „künstliche" Nationen. Auf die realen lokalen Gegebenheiten wurde dabei keine Rücksicht genommen, sondern es wurden einer Region nationalstaatliche Strukturen aufgezwungen, in der es zuvor andere Organisationsformen gegeben hatte. Diese beiden Beispiele zeigen, dass die Bildung von

Nationalstaaten durchaus nicht immer von Nutzen für die betroffenen Gesellschaften war.

Selbst in den westlichen Ländern des 21. Jahrhunderts gibt es Strukturen, für deren Entscheidungen und Handlungen nationale Grenzen keine Rolle spielen. Ich meine die großen multinationalen Konzerne und das organisierte Verbrechen. Beide kümmern sich nicht um die nationalstaatlichen Grenzen oder aber machen sich diese für ihre eigenen Zwecke zunutze. Ihr politischer und wirtschaftlicher Erfolg verdeutlicht einmal mehr, dass der Gedanke des Nationalstaats bei der Organisation der modernen Welt an seine Grenzen stößt.

7.4 Die internationalen Mächte

Die allgemein gültigen Erkenntnisse der Wissenschaft machen ein globales Handeln der Menschheit notwendig, doch diese Forderung ist mit einer vorwiegend an nationalen Interessen ausgerichteten Politik nicht vereinbar. Dieses Missverhältnis wird heute dadurch geregelt, dass man internationale Verträge aufsetzt. Diese Abkommen sind das Ergebnis von Verhandlungen zwischen den Nationen und stehen manchmal unter der Ägide internationaler Organisationen. Doch immer handelt es sich bei den beteiligten Parteien vor allem um Staaten. Sie haben die internationalen Organisationen ins Leben gerufen, sind deren Mitglieder und auch die Vertragsparteien. Es geht also immer und überall um Nationalstaaten. Dieser Umstand kommt sogar in der Bezeichnung „international" zum Ausdruck, der ein Handeln oder eine Organisation beschreibt, deren Tragweite oder Einfluss über den Rahmen von Einzelstaaten hinausgehen.

Aufbau und Zusammensetzung der internationalen Organisationen und die internationalen Verträge sind also das Ergebnis eines ausgewogenen Verhältnisses der Staaten untereinander. Die jeweilige Bedeutung der Parteien bestimmt sich durch ihre demografische Größe, aber vor allem durch ihre wirtschaftliche, industrielle und militärische Macht. Bei den Vertragsverhandlungen und den Debatten innerhalb der internationalen Organisationen richten die meisten Parteien ihre Forderungen und ihre Beitragsbereitschaft allerdings an den Interessen der Bevölkerungen aus, die sie repräsentieren oder repräsentieren sollten, und nicht am Interesse der Gesamtheit. Die meisten Anträge, die Anfang des 21. Jahrhunderts im wissenschaftlichen Programmkomitee der Europäischen Weltraumorganisation (ESA, einer zwischenstaatlichen Organisation) eingebracht wurden, zielten beispielsweise darauf ab, den nationalen Wissenschaftsgemeinschaften Möglichkeit zu eröffnen, ihre eigene Forschung voranzutreiben. Der Aufbau eines echten europäischen wissenschaftlichen Weltraumprogramms trat hinter den zahlreichen, manchmal widersprüchlichen Forderungen der Mitgliedstaaten der Organisation zurück. Doch im Rahmen einer gesamteuropäischen Entwicklung stellen nationale Interessen nichts weiter als Partikularinteressen dar und müssten angesichts von Erwägungen im Sinne des gemeinsamen Anliegens in den Hintergrund treten.

Das Aufeinanderprallen unterschiedlicher nationaler Interessen führt aber manchmal nach schier unendlichen Auseinandersetzungen auch zu Vereinbarungen, die

Fortschritte bei der Lösung globaler Umweltprobleme ermöglichen. Ein schönes Beispiel dafür ist der Abbau der Ozonschicht in der Stratosphäre. Diese Ozonschicht ist wichtig, weil sie die Lebewesen auf der Erde sowohl an Land als auch auf See vor der ultravioletten Strahlung der Sonne schützt. Die internationale Wissenschaftsgemeinschaft ist sich der negativen Auswirkung von Halogenverbindungen auf die Dichte der Ozonschicht bewusst geworden und hat herausgefunden, dass zwischen dem Schwund der Ozonmoleküle und den Fluorchlorkohlenwasserstoffen (FCKW) ein Zusammenhang besteht. Dieses Gas wurde im Alltag vor allem in Kühlschränken verwendet. Daraufhin verpflichteten sich die Staaten 1987 in der Wiener Konvention und im Protokoll von Montreal, den für die Zerstörung der Ozonschicht verantwortlichen Ausstoß von FCKW schrittweise zu reduzieren.[1] Wir dürfen also heute hoffen, dass auch weiterhin genügend Ozon in der Stratosphäre vorhanden sein wird, um uns vor den schädlichen Strahlen der Sonne zu schützen. Das ändert aber nichts an der Tatsache, dass die Verfolgung nationaler Interessen sicherlich nicht der beste Weg ist, um zu einer globalen Umweltpolitik zu gelangen, die den Bedürfnissen der gesamten Menschheit gerecht wird. Viel zu viele Beispiele beweisen, dass die in den derzeit bestehenden Institutionen getroffenen Maßnahmen, etwa um den Ausstoß von Treibhausgasen zu reduzieren,

[1]Siehe beispielsweise: Scientific Assessment of Ozone Depletion: 2010, World Meteorological Organisation Global Ozone Research and Monitoring Project-Report, Nr. 52.

nicht ausreichen, um die chemischen Veränderungen der Atmosphäre und die damit verbundenen Folgen für die Tier- und Pflanzenwelt an Land und im Meer und für den Menschen in den Griff zu bekommen.

7.5 Regionale oder globale Entscheidungsinstanzen?

Der Planet Erde ist ein Raumschiff, das sich im Vakuum im Sonnensystem bewegt (Abb. 7.3). Es steht nur (oder fast nur)[2] über die Sonnenstrahlung und über die Strahlung, die von der Erde selbst ausgeht, mit dem Universum um sich herum in Verbindung. Abgesehen davon muss das Raumschiff selbstständig funktionieren und darf weder Unterstützung noch Hilfe von außen erwarten. Das müssen wir uns bei der Steuerung unseres Raumschiffes stets vor Augen halten.

Diese Verantwortung verlangt von uns, ein System von Entscheidungsinstanzen zu schaffen, das sicherstellt, dass die Maßnahmen ihre maximale Wirkung nur auf der jeweiligen Entscheidungsebene entfalten. Lokale Entscheidungen dürften nur lokale Auswirkungen haben. Das Gleiche gilt für Entscheidungen auf regionaler, nationaler, kontinentaler oder globaler Ebene. Ihre Auswirkungen sollten möglichst nicht über den Rahmen hinausgehen,

[2] Ausnahmen bilden Kollisionen mit Asteroiden oder die von unserer oder weiter entfernten Galaxien ausgehende kosmische Strahlunge. Außerdem beeinflusst der Mond die Gezeiten auf der Erde.

Abb. 7.3 Die Erde schiebt sich vor den Mond. Aufgenommen vom japanischen Satelliten Kaguya, 2007. (© JAXA)

in dem sie getroffen wurden. Es wäre allerdings naiv anzunehmen, es könne leicht sein, alle Beteiligten davon zu überzeugen, ihre Macht auf ihren jeweiligen Einflussbereich zu beschränken. Dennoch wäre es ein wichtiger Schritt hin zu einem verantwortungsvollen Umgang mit unserem Planeten, wenn wir uns bei der Ausarbeitung einer Weltordnung an dieser Regel orientierten.

Natürlich ist es schwierig, eine Behörde zu schaffen, die dazu berechtigt ist, Entscheidungen im Namen der gesamten Weltbevölkerung zu treffen, und sie mit den notwendigen Mitteln auszustatten, damit ihre Entscheidungen auch umgesetzt werden. Es kann lokal beispielsweise durchaus nützlich sein, mit Kohle zu heizen oder Strom aus Kohlekraftwerken zu gewinnen, weil Kohle in einigen Regionen der Erde reichlich vorhanden ist und leicht abgebaut werden kann. Doch Kohle gehört zu den

Stoffen, die am stärksten zur Umweltverschmutzung beitragen. Angesichts dieser Tatsache sollte es eigentlich möglich sein, den Kohleverbrauch weltweit drastisch zu senken. Nur eine dazu weltweit legitimierte Instanz kann eine solche Maßnahme vorschlagen und gewährleisten, dass sich alle daran halten.

Damit diese Vision Wirklichkeit werden kann, müssen auch solche Instanzen reale Macht erhalten, die nicht auf nationaler Ebene tätig sind. Das erleben wir in Ländern mit einer stark föderalen Struktur, in denen die einzelnen Kantone oder Bundesländer über eigene Mittel verfügen und in einem genau definierten Zuständigkeitsbereich selbstständig wirken können. Die Schweizer Kantone und ihre Kommunen gehören in diese Kategorie. In einem zentral regierten Einheitsstaat, wie etwa Frankreich, kommt es sehr viel seltener zu einer Aufteilung der Machtbefugnisse. Auf nationenübergreifender Ebene erfordert diese Vision, dass die Nationen einen nicht unerheblichen Teil ihrer Macht an Einrichtungen auf kontinentaler oder globaler Ebene abtreten. Diese Institutionen vertreten keine Nationen, sondern tragen in ihrem jeweiligen Zuständigkeitsbereich die Verantwortung für alle Menschen, die von ihrem Handeln betroffen sind. Solche Einrichtungen müssen mit den notwendigen Mitteln ausgestattet werden, damit sie die Bedürfnisse ihrer Bürger analysieren, geeignete Entscheidungen treffen und dafür sorgen können, dass diese Entscheidungen respektiert werden. Dazu gehört unter anderem auch die Möglichkeit, unabhängig von den Staaten Finanzmittel zu beziehen, also in irgendeiner Form eine Steuer zu erheben.

7.6 Das europäische Modell

In Europa hat man diesen Prozess bereits in Angriff genommen. Die Staaten haben zugunsten der Europäischen Union auf einen Teil ihrer Vorrechte verzichtet. Gelenkt wird die Europäische Union durch ein autonomes Parlament, die Europäische Kommission und den Rat der Mitgliedstaaten. Das Parlament und die Kommission sind eigenständige europäische Institutionen, der Rat dagegen vertritt die Staaten. Die europäischen Länder haben also immer noch einen erheblichen Einfluss auf die Entwicklung der Union, halten aber doch nicht mehr alle Karten in der Hand. Diese Entwicklung kommt nur mühsam voran, denn es fällt den Nationalstaaten und ihren Organen schwer, Teile ihrer Kompetenzen zu delegieren, und sie verzichten nur ungern auf die Macht, die sie zurzeit noch ausüben, wenn es um europaweite Probleme geht.

Der Weg hin zu einem eigenständigen Europa erfordert die Herausbildung einer europäischen Identität. Europäer sein, muss für jeden Bürger dieses Kontinents ebenso wichtig sein wie seine Identität als Schweizer, Deutscher oder Spanier. Das ist unbedingt erforderlich, damit die Europäer begreifen, dass sie an der Entwicklung ihres Kontinents mit beteiligt sind. Das ist ein schwieriger Prozess, denn im Laufe der Jahrhunderte und der militärischen Auseinandersetzungen auf dem Kontinent hat sich in vielen Nationen ein übersteigertes Nationalgefühl herausgebildet. Föderalen Bundesstaaten fällt dieser Weg leichter. Ihre Bürger sind daran gewöhnt, sowohl eine regionale als auch eine nationale Identität zu besitzen. Doch selbst in der föderalen Schweiz, in der die Zugehörigkeit zu einem Kanton genauso wichtig ist wie die zur Eidgenossenschaft, ist es immer noch schwierig, die Bevölkerung von der Notwendigkeit eines gemeinsamen Europas zu überzeugen und sie dazu zu bewegen, an dessen Aufbau mitzuwirken.

Zu allem Überfluss forcieren gewisse populistische politische Bewegungen den Gedanken der nationalen Identität und erklären den Ausländer, sogar den aus europäischen Ländern, zum Sündenbock für alle möglichen politischen und wirtschaftlichen Missstände. Auf diese Weise sichern sie sich ihre Macht innerhalb der Nationen ohne Rücksicht auf eine gemeinsame, nationenübergreifende Sache. Diese Bewegungen stoßen in Bevölkerungsschichten auf ein starkes Echo, die sich vor den Problemen der heutigen Zeit fürchten. Sie machen den Aufbau dieses gemeinsamen Europas noch schwerer, das aber für die Entwicklung einer für den Menschen förderlichen Umwelt unbedingt notwendig ist.

Trotz all dieser Schwierigkeiten beim Aufbau Europas ist es immer wieder erstaunlich festzustellen, dass die europäische Erfahrung offenbar von großem Vorteil ist, wenn es darum geht, Menschen aus unterschiedlichen Nationen zur Kooperation zu bewegen. Das zeigt sich häufig auf Veranstaltungen, auf denen Europäer mit ihren Kollegen aus anderen Teilen der Welt zusammenarbeiten. Mehr als alle anderen verfügen die Europäer über eine Diskussionsfähigkeit, die Grenzen überwindet. Für andere Regionen der Welt ist es viel schwieriger, eine Organisationsebene zu finden, auf der nicht mehr ausschließlich nationale Interessen den Ton angeben. Das gilt insbesondere für Kontinente, auf denen eine bestimmte Nation eine dominierende Rolle spielt, wie etwa die Vereinigten Staaten in Nordamerika. Unter solchen Bedingungen erfordert es eine außergewöhnliche politische Anstrengung, eine gemeinsame Organisationsform zu schaffen, ohne dabei die eigenen Interessen zu stark zu vertreten.

Das Gleiche muss auch auf globaler Ebene geschehen. Wir brauchen unbedingt eine Institution, die auf globaler Ebene Entscheidungen treffen kann und über die notwendige Autorität verfügt, diese Entscheidungen auch in die Praxis umzusetzen. Wie auf europäischer Ebene ist so ein Schritt nur möglich, wenn jeder begreift, dass er nicht nur Teil eines Kontinents, einer Nation oder einer Region ist, sondern auch ein Bewohner dieses Planeten. Das ist die unabdingbare Voraussetzung dafür, dass jeder einsieht, dass wir ein globales Handeln brauchen, welches nicht von nationalen Überlegungen und Interessen geleitet wird.

Auch in der Wissenschaft konkurrieren Nationen miteinander. Doch die Wissenschaftler sind sich bewusst, dass Grenzen den Wert ihrer Ergebnisse nicht aufhalten. Außerdem ist es ihnen im Laufe der Jahrzehnte zur Gewohnheit geworden, auf kontinentaler und weltweiter Ebene konstruktiv in großen Projekten zusammenzuarbeiten. In dieser Hinsicht bedeutet die Aufsplitterung Europas in viele Einzelstaaten, von denen jeder viel zu klein ist, um im internationalen Wettbewerb bestehen zu können, für die Europäer einen Vorsprung bei der Schaffung übernationaler Institutionen. Doch ganz abgesehen davon könnten die Wissenschaftler mit ihrer Erfahrung und ihrem Willen, grenzüberschreitend zusammenzuarbeiten, einen Beitrag zur Entstehung politischer Strukturen auf kontinentaler und globaler Ebene leisten.

8

Nicht alles im Leben ist Wissenschaft

8.1 Die Gefühle

Wie unser Leben verläuft, hängt davon ab, welche Möglichkeiten sich uns bieten und welche Entscheidungen wir treffen. Für einige dieser Entscheidungen sind nicht allein die Vernunft und unser Wissen ausschlaggebend, sondern auch unsere Überzeugungen und Gefühle. Es wäre absurd, abstreiten zu wollen, dass Emotionen in unserem Leben eine wichtige Rolle spielen, und ebenso absurd wäre es, wenn wir uns unser Leben lang nur von Vernunft und Wissen leiten ließen. Zu den wichtigsten Ereignissen im Leben gehören beispielsweise die Liebe zu einem anderen Menschen und die möglicherweise damit verbundene Gründung einer Familie. In der westlichen Welt sind Ende des 20. und Anfang des 21. Jahrhunderts für derlei Fragen

T.J.-L. Courvoisier, *Keine Gesellschaft ohne Wissenschaft!*,
DOI 10.1007/978-3-662-55556-9_8

kaum noch gesellschaftliche oder wirtschaftliche Erwägungen relevant, entscheidend sind allein die Gefühle der beiden Partner füreinander. Die Vernunft spielt dabei nur insofern eine Rolle, als wir unseren Wunsch nach einer eigenen Familie manchmal nach den gesellschaftlichen Bedingungen richten müssen, die es uns ermöglichen bzw. uns daran hindern, die Bedürfnisse von Familie und Beruf miteinander in Einklang zu bringen. Auch das Wissen um die Regeln und Gepflogenheiten in unserer Gesellschaft kann ein rationales Element sein, das in unsere Entscheidungen mit einfließt. Für welche Art von Familienleben wir uns entscheiden, hängt manchmal auch von Überlegungen über die demografische Entwicklung in der Welt oder einer Region ab. Doch in den allermeisten Fällen werden derartige Entscheidungen vom Gefühl gesteuert. Die Versuche, die Suche nach einem Lebenspartner mithilfe der Algorithmen elektronischer Websites oder mittels eines traditionelleren Heiratsinstituts auf eine rationale Ebene zu stellen, sind, wie es scheint, zumeist nicht von Erfolg gekrönt. Offensichtlich ist es nicht möglich, einen Menschen so objektiv zu beschreiben, dass es gelingt, die emotionale Anbahnung einer intimen zwischenmenschlichen Beziehung durch einen auf objektivem Wissen beruhenden Vorgang zu ersetzen.

Unsere Liebesbeziehungen sind aber nicht der einzige Bereich im Leben, der von Emotionen beherrscht wird. Bei wichtigen Anschaffungen, sei es der Kauf eines Hauses, eines Bootes oder eines Autos, fällt die Entscheidung nicht nur aufgrund einer Kosten-Nutzen-Analyse, sondern auch aufgrund irrationaler Vorlieben für einen Ort, einen bestimmten Stil oder eine Marke. Die allgegenwärtige

Werbung hat sehr wohl begriffen, dass unsere Kaufentscheidungen vor allem emotional gesteuert sind, und anstatt uns angemessen über die Waren oder Dienstleistungen zu informieren, die wir im Laufe unseres Lebens erwerben und in Anspruch nehmen, setzt sie vor allem auf unsere gefühlsmäßigen Reaktionen.

Auch bei der Berufswahl stehen Vernunft und Neigung oft im Widerstreit miteinander. Unsere Vernunft drängt uns, bei unserer Wahl die Zukunftsperspektiven zu berücksichtigen, die ein bestimmter Beruf eröffnet, doch unsere Vorlieben und Interessen führen uns manchmal in eine völlig andere Richtung. In den 1970er Jahren war es mit Sicherheit nicht vernünftig, theoretische Physik zu studieren, doch heute, da ich diese Zeilen schreibe, weiß ich, wie viel Erfüllung mir diese Berufswahl gebracht hat!

Liebe, Freundschaft oder Empathie sind Gefühle, auf denen wir unser Leben aufbauen können und die das Leben der Menschen bereichern, die uns nahestehen. Eifersucht, Hass oder Gleichgültigkeit hingegen können unser gesellschaftliches Umfeld negativ beeinflussen oder sogar zerstören. Emotionen steuern unser Leben, zum Guten wie zum Schlechten.

8.2 Kollektive Emotionen und Überzeugungen

Auch im Leben der Gemeinschaft gibt es Emotionen. Sie zeigen sich beispielsweise in der Begeisterung der Öffentlichkeit für Sportveranstaltungen oder aber in der großen Hilfsbereitschaft, die ganze Bevölkerungen bei bestimmten

Solidaritätsaktionen unter Beweis stellen. Die Aufnahme ungarischer Flüchtlinge in Westeuropa im Jahr 1956 oder die Solidaritätswelle nach dem Tsunami im indischen Ozean von 2004 waren positive Beispiele für ein kollektives Handeln, mit dem das Leid sehr vieler Menschen gelindert werden konnte. Fremdenfeindlichkeit und die Ablehnung des Anderen, von dem man gar nichts weiß oder wissen will, haben dagegen im Lauf der Geschichte zu unsäglichen Grausamkeiten geführt. Auch in der Gemeinschaft spielen also Emotionen eine wichtige Rolle und können Gutes bewirken, aber auch Leid verursachen.

Genau wie Emotionen können sich auch Überzeugungen konstruktiv oder destruktiv auswirken. Überzeugungen basieren oft ebenso wenig auf Wissen wie Gefühle. Der religiöse Glaube gehört beispielsweise zu den Überzeugungen, die sich nicht im Wissen verankern lassen, da helfen auch die größten Bemühungen nicht, ihn rational zu begründen. Der Glaube befähigt Menschen zu großartigen Taten der Nächstenliebe, er kann aber auch Ursache für unmenschliche Gräueltaten sein. Der beste Beweis dafür sind die Religionskriege, die Europa Jahrhunderte lang erschüttert haben.

8.3 Gefühle, Überzeugungen, Wissen und Vernunft beeinflussen unsere Entscheidungen

Es wäre ignorant, nicht zu berücksichtigen, welche Emotionen und Überzeugungen bei unseren persönlichen und bei kollektiven Entscheidungen mitspielen. Es wäre sogar unvernünftig und würde unser Urteilsvermögen in gewisser Weise trüben. Wir müssen unser Wissen und unseren Verstand benutzen, um zu erkennen und zu analysieren, inwieweit unsere Gefühle unser Verhalten beeinflussen, und um ihnen bei unseren Entscheidungen einen angemessenen Platz einzuräumen. Vernunft und Wissen befähigen uns außerdem, die möglichen Folgen eines vom Gefühl geleiteten Handelns abzuschätzen und zu verstehen, wie auch solche irrationalen Elemente unsere Entscheidungen mit beeinflussen.

Die Konsequenzen der Entscheidungen, die jeder von uns im Lauf der Zeit trifft, betreffen in erster Linie ihn selbst und seine Umgebung. Die Folgen kollektiver Entscheidungen jedoch gehen weit über das persönliche Umfeld hinaus. In einer Zeit, in der sich das Handeln des Menschen so stark auf unser aller Umwelt auswirkt, dass davon möglicherweise das Wohl oder sogar das Überleben ganzer Gesellschaften und Völker abhängt, wiegen Entscheidungen ganz besonders schwer. Deshalb ist jede Macht dafür verantwortlich, alles in ihren Kräften Stehende zu tun, um die bestmöglichen Entscheidungen zu treffen. Dazu muss nicht nur alles verfügbare Wissen mobilisiert werden, sondern es gilt auch, so objektiv wie möglich zu beurteilen, welche Emotionen dabei eine Rolle spielen, und vernünftig zu entscheiden, welche Bedeutung ihnen eingeräumt werden darf. Zudem ist es unerlässlich, wiederum möglichst objektiv einzuschätzen, welchen Anteil religiöse Überzeugungen oder kulturelle Faktoren an einem Problem haben, und die Folgen zu analysieren, die sich aus religiös oder kulturell inspirierten Handlungen ergeben können.

Das Wissen muss also nicht nur in die Beurteilung einer Situation mit eingehen, sondern auch in die Analyse der an dieser Situation beteiligten emotionalen Aspekte, und auf der Basis von Wissen sind auch die kollektiven Überzeugungen mit in die Überlegung einzubeziehen. Wir müssen alle uns zur Verfügung stehenden Mittel nutzen, um auf der Grundlage von Wissen und Vernunft die Folgen unserer Entscheidungen und unseres Handelns abzuschätzen, damit es möglich wird, den Bewohnern unserer Erde und künftigen Generationen eine glückliche Zukunft zu sichern.

Der Erwerb des notwendigen Wissens, das Erkennen von Partikularinteressen, die Einschätzung der Folgen unserer Entscheidungen und Handlungen und die mit der erforderlichen Distanz zu erfolgende Berücksichtigung unserer Gefühle und Überzeugungen – all das sind Anforderungen, denen wir uns nicht entziehen können. Die Geschichte wird einmal erweisen, ob wir in der Lage waren, unser gesamtes verfügbares Wissen in unsere Überlegungen und unser Handeln einfließen zu lassen.

Printed in the United States
By Bookmasters